U0532573

5分钟疗愈手册

自我治疗心理问题就这么简单

〔英〕莎拉·克鲁斯比 ———— 著
Sarah Crosby

周悟拿 陈梦婷 ———— 译

5-MINUTE THERAPY

浙江人民出版社

Copyright @ Sarah Crosby. 2020
First published as 5 MINUTE THERAPY in 2020 by Century, an imprint of Cornerstone.Cornerstone is part of the Penguin Random House group of companies.

浙江省版权局
著作权合同登记章
图字：11-2023-118 号

图书在版编目（CIP）数据

5分钟疗愈手册 ／（英）莎拉·克鲁斯比著；周悟拿，陈梦婷译. — 杭州：浙江人民出版社，2024.6
ISBN 978-7-213-11375-8

Ⅰ．①5… Ⅱ．①莎… ②周… ③陈… Ⅲ．①抑郁—心理调节—手册 Ⅳ．①B842.6-62

中国国家版本馆CIP数据核字(2024)第049072号

5 分钟疗愈手册
5 FENZHONG LIAOYU SHOUCE
[英]莎拉·克鲁斯比 著 周悟拿 陈梦婷 译

出版发行：浙江人民出版社（杭州市环城北路177号 邮编 310006）
　　　　　市场部电话：（0571）85061682　85176516
责任编辑：陈　源
特约编辑：涂继文
营销编辑：陈芊如
责任校对：姚建国
责任印务：幸天骄
封面设计：天津北极光设计工作室
电脑制版：北京之江文化传媒有限公司
印　　刷：杭州丰源印刷有限公司
开　　本：880毫米×1230毫米　1/32　　印　张：8.5
字　　数：175千字　　　　　　　　　　　 插　页：2
版　　次：2024年6月第1版　　　　　　　 印　次：2024年6月第1次印刷
书　　号：ISBN 978-7-213-11375-8
定　　价：58.00元

如发现印装质量问题，影响阅读，请与市场部联系调换。

前　言

你好啊。

你来啦,很高兴能在这里看到你!

欢迎翻开《5分钟疗愈手册》这本书。我猜你对自己很好奇,在寻找进一步探索自身的指南。如果你想在生活中达到幸福、自信和冷静的状态,并保持下去,那么探索自我是至关重要的一步。我是谁?"做你自己"这句话听起来很可怕,其中究竟蕴含着什么道理?"真实"又意味着什么?思考这些问题很有趣,是不是?

在我们踏入《5分钟疗愈手册》的世界之前,请先允许我和你分享一段回忆。这是我童年最早的记忆之一——我七岁时就有人告诉我,我是谁。或许你也能借此机会回想一下,自己是否也有类似的经历。

当时学年即将结束，家长们面临着一个迫在眉睫的现实情况——在接下来的整整两个月里，家里要不间断地播放《魔法少女莎琳娜》[①]。因此，很多家长打着"工艺营"的幌子把我们这些孩子又骗回了小学。

参营的还有当地其他学校的学生，在爱尔兰阴雨绵绵的仲夏时节，大家在莫纳汉老师的教室里齐聚一堂。我和朋友克莱尔坐在一起，期待着接下来能做点有趣的事。

"孩子们，介绍一下自己吧！"一位长相有些古怪的指导员站在房间前面大声说道。

起初，房间里鸦雀无声。然后，在某个瞬间突然陷入一片嘈杂。

"我叫帕迪！"

"我六岁了。"

"我的电话号码是——"

这简直是对感官世界的巨大冲击。

人群慢慢归于寂静，突然传出一声："我是莎拉（Sarah）！"

我说完，连忙向后缩了缩，小心地掩住自己的身形。

"好，现在我们来按名字分个组！"指导员大声说道，然后从莫纳汉老师的抽屉里取出了一卷长长的名牌贴纸。

接下来的15分钟里，指导员在我们中间来回穿梭，询问每个人的名字，飞快在贴纸上写下，然后把贴纸贴在我们的T

[①]《魔法少女莎琳娜》以魔法少女的奇异遭遇为主线，通过一系列惊险又不失幽默的故事，描绘了美妙的幻想与生活。该动画片于1999年9月6日在美国迪士尼频道首播，于2002年7月15日在中国播放并译为《魔法少女》。

恤上。

"给你，莎拉。这是你的。"

我低头看了看标签，上面满是花哨的圈圈和旋涡。

"今天一整天都要贴着这个玩意儿，但也许并不会很糟糕。"我当时就是这么想的。

"好了，各位。现在请那些同名的同学组成一队！"

我猛地抬起头，看到每个人的脸上都写满了惊恐。我想：他这是疯了吗？！没错，我认识这里的一部分同学，但其他孩子都来自街道另一头的学校！我和他们素不相识！他们对我来说简直和外星人没什么区别。

在接下来的几分钟里，那群"外星人"混在我们之间重新组队。然后我们发现，原本站在一起的朋友们都已经散落各处。我和另外三位同样愁眉苦脸的莎拉站在一起——其中一位的名字里其实是"Sara"，但我已经没有动力从语义上争论这些了。

我环顾四周，发现奥伊弗（Aoife）们和爱丝琳（Aisling）们似乎占了大多数（显然，这两个名字都是当时爱尔兰流行的女孩名字）。我的朋友也加入了自己名字的庞大部落。但还有些人的名字"无组可归"，我对他们投以同情的目光。好在后来黛利拉（Delilah）、阿纳斯塔西娅（Anastasia）和托宾（Tobin）被归到了一起，成了"大杂烩"组。

这时，我的内心开始被恐慌一点点蚕食，因为这一周接下来的时间里，我都要和三个不认识的女孩待在一起，而仅仅是因为我的名字——这个让我别无选择的标签。

我不喜欢这样的安排，于是鼓起所有勇气反抗这个制度，我和莎拉们告别，摘下了自己的标签，尽可能不着痕迹地走到克莱尔们的阵地。她们对我的加入表示热烈欢迎，很高兴她们的"大军"又添一员。那一天剩下的时间里，我都和她们坐在一起。

我当时还只是个孩子，对权威自然心存畏惧。我只是觉得，名字只是一个随机标签，我们并没有发言权，而我不能单纯因为这个原因就和某一群人共度一周。

在这个故事里，我带着机智和冲劲（其实还有满肚子的焦虑）"反抗"了这种分类。但是，生活中还有很多时候，我只能接受很多更为无益的标签。有些是别人强加给我的，有些则是我自己贴上去的。相对而言，这个故事看起来没有造成什么伤害。我想借此强调的是，当别人告诉我们"你是谁"的时候，我们总会倾向于采纳并吸收他们的看法。这就说明，这类经历在幼年时期就会给我们的自我意识设限。

纵观我成年后的生活，不论是我个人的经历，还是我作为心理治疗师的经历，都让我逐渐明白这样一个道理：能否找到真正的自我，很大程度上取决于我们能否撕掉长期贴在身上的标签，去探索标签之外的自己。

好啦，现在让我们进入主题吧。《5分钟疗愈手册》里含有很多内容，但我想在开头就说明的是——这本书并不是什么新型疗法，无法在五分钟内就药到病除地解决所有问题；它不能取代心理治疗或者心理辅导，不会填鸭式地灌输空洞的承诺，也不会兜售什么速成法；它也无法立竿见影地让你感到更快乐、更舒服、更自信。

很抱歉告诉你以上信息，但我认为，在我们之间的联结开始的时候，坦诚相告才是最佳选择！

但我希望，你能在《5分钟疗愈手册》中得到一些更有意义的发现：开启自我发现之旅；剥离上述那些标签；探索自我；远离社交媒体的喧嚣，对自己的生活建立深入的认知。

这本书里有许多简单易懂的信息，适合在零碎时间分次吸收。你可以选择快速浏览，也可以按序通篇阅读。也许你会在某个幸运时刻发现，书中的思想和观点能为你源源不断地提供见解、慰藉、安心和支持。

"花上五分钟"的模块贯穿全书，旨在为读者提供简单有效的实践练习。如果你能找到或创造一些空闲时间，可以试着做做练习。每一章的末尾还有"心灵笔记"，你可以在每天临睡前花上五分钟来阅读，反思这一章的关键主题。

我在这本书中融入了心理治疗师的专业知识，而你则需要将它融入你的个人生活，以及你生活的世界。所以，不要把这本书当作一本权威的指南，我不是要教你去"按照我的方式做自己"。请把这本书视为一次开放的邀请吧，让我们一起踏上寻找自我的旅途。

如果以下情况曾经发生在你的生活中，那你可以参考这本书：

★ 你对自己很好奇，想更好地了解自己。

★ 你感觉有一点点（或是非常）迷茫，想要寻找更清晰的答案。

★ 你感觉日子有些糟糕，但希望能好起来。

★ 你不太确定自己真正想要什么，而其他人似乎都在坚定前行。

★ 你想变得更快乐、更自信、更从容。

★ 我们有时会偏离自我，也能以某种方式回归自我。

这本书里的探索分为许多不同部分。我们的自我是怎样的？我们又是如何形成了这样的自我？希望你能通过这本书认识到，我们需要接纳哪些部分的自我，又应该放弃哪些不再适宜当下情况的部分自我。

在这本书中，你会看到很多当下流行的术语，比如依恋、边界、自我关爱和同理心。所以如果这样的术语让你感到不适，你可以在阅读时搭配一杯浓茶。

许多心理健康的相关术语都已在网上泛滥成灾，甚至在某种程度上达到饱和。对我自己来说，有时听到"边界"这类被滥用的词语时，都必须强忍着不去皱起眉头（对了，第六章的内容全都是关于"界线"的）。但我最后还是得自己去接纳内心的这种厌恶感——如果过度厌恶特定词语，我可能会因此漏掉一些关键信息。这些术语之所以被使用得如此普遍，其实也是事出有因：它们开启的对话既重要又必要。因此，我希望你能和我一样，暂时放下对这些"行话"的负面看法。

我希望你在翻阅接下来的书页时，能在那些晦涩难懂的主题中收获简单明了的洞见。你可以运用各种工具全方位地探索自我，比如勤于反思、以实践为指导、提出一些探索性的问题、记录心路历程，等等。

当下的你是觉得对自己了如指掌，还是在生活中感觉茫然若失？不管你属于哪种情况，都可以借这本书进行反思，加深对自己某些经历的理解。我也希望你能借此机会识别过去的僵化模式，然后将其打破，开启新的人生。

不论我们是在建立还是恢复自我意识，这个过程都是由我们每个人的各种选择累积而成的。没有人能直接把现成的自我意识交到我们手中。诚然，这本书会提供一些见解、反思和建议，或许你的生活会因此发生巨大改变，但以我的经验来看，如果你仅仅只是停留在阅读的层面，由此而来的改变并不会持久。书中的内容确实能增强你的自我意识，但若想发生真正改变，你还需要在整个过程中付出努力、积极行动、勇敢冒险。你还有必要发挥同理心，认识自己的脆弱面，同时保持耐心。

所以，如果你在阅读本书的过程中尽可能积极地投入反思、练习和心灵笔记之中，这都会对你大有裨益。我也建议你读完一章就写下一篇日记。不过，就算你有些时候感觉没心情去做这些，当然也没问题。

书中每个章节都从不同角度切入，引导我们思考如何和自己相处：

1. 自我发现——如何做自己。
2. 探索依恋——如何建立有意义的亲密关系。
3. 自我对话——如何善待自己。
4. 识别诱因——如何理解自己的反应。
5. 自我调节——如何安抚自己。
6. 设定界线——如何真正实现自我关怀。
7. 重新抚育——如何自我疗愈。

8. 超越自我——如何帮助友人。

在你开始自己的内心旅程之前，可以先自问两个关键问题：

★ 我的自我感觉是怎样的？

★ 我希望建立怎样的自我感觉呢？

不用急，慢慢来。你会逐步看到，自己在之后的内容中最渴望获得的是什么。

发现自我，很必要！

这本书会给出一系列理由，指出自我发现之旅有何价值：

★ 我们能和自我建立起更从容、更有深度的关系，我们每个人都可以。

★ 关爱自己，也许并非易事。"读了这本书，你就能从此踏上关爱自己的旅途。"这种承诺听上去未免太过天真。世上的任何关系都是不断变化的，你与自我的关系也不例外。我想每个人都有不开心的时候，也会时不时觉得自己是个冒名顶替者[1]，或是在浏览社交媒体时感到身材焦虑，有时根本不想面对这个世界。

---

[1] 冒牌者症候群，又称自我能力否定倾向，是保琳（Pauline R. Clance）和苏珊娜（Suzanne A. Imes）在1978年发现并命名的，是指个体认为自己获得的成就并不是来源于其真正的能力，而是碰运气。虽然美国精神病协会并未将之视为精神疾病，但它确实是真实存在的一种现象。尽管个体按照客观标准评价已经获得成功，但个体并不能将自己的成功内化，不能将成功归因到自身的努力和实力，并持续自我怀疑，害怕被暴露出自己的实力不足，或者感觉是在欺骗他人，并且害怕被别人发现自己冒名顶替他人。

前 言

自我发现会引导我们保持中立。我们就不会跌入自我审视的深渊，也能放下追求卓越的执念。保持中立就意味着接纳。虽然这乍一看似乎并不是那么激动人心，但我希望你在接下来的练习之后会变得对自己不那么苛刻，不再过分挑剔自己，不再用暴虐的方式实行自我霸凌（第三章对此会有更多介绍），而且不要再给自己设立任何标签——完全自爱的标准除外。

★ 如果你总是不想处理与自我的关系，而且有意识地逃避这件事，那你可能会把自己潜意识里学到或继承的行为模式重复一遍又一遍。在你人生的某个阶段，这些模式可能是必要的、有帮助的。但随着时间的推移，你对这些模式使用过度，那它们就不再是助力，反而会阻碍你前进的脚步。

★ 你与自我的关系往往也能反映你处理人际关系的方式。良好的自我意识会让你生活中的其他任何关系趋于圆满。因此，培养自我意识实际上是一种忘我的行为。

★ 如果你对自己所持的信念怀有一颗好奇心，你会在某些时刻更清楚地意识到，限制性信念[①]可能正在"操纵你的思想"。

★ 关注你与自我的关系并不能阻止负面情绪的产生。这只

[①] 由于信念产生于一个念头，经由体验之后才能牢固地存在于一个人的思想中，所以体验是信念产生的重要条件。但是没有一个人能够经历所有的事情，所以在一个人的信念系统中，有很多信念其实是由某一特定经验产生的，这个信念也许适用于某个情境，但在另一个情境中就不适用了。可是如果这个人的信念还没随之改变，就会给他的生活带来很多困扰。这样的信念，我们称其为"限制性信念"。在我们的生活中，有三种较为普遍的限制性信念——无助、无望和无价值。

能让你开始有意识地应对负面情绪,而不是因为焦虑或愤怒引发一些下意识反应。

★培养有意识的自我关系会让你的生活更加丰富、更有成就感,这和你培养其他关系的效果如出一辙。你会逐步建立自我价值感,并从中给自己带来更多安全感。当我们相信自己有所价值,也会相信自己值得拥有真正的爱。

无论你是偶尔翻阅这本书,还是每天参照这些笔记加深自我了解,我都希望你能获得更紧密的联结感和更充足的安全感,最终从中汲取力量,并借此力量向内探索、向前行进。

目　录

前　言 01

第一章　自我发现：如何做自己 / 001

第二章　探索依恋：如何建立有意义的亲密关系 / 031

第三章　自我对话：如何善待自己 / 061

第四章　识别诱因：如何理解自己的反应 / 097

第五章　自我调节：如何安抚自己 / 123

第六章　设定界线：如何真正实现自我关怀 / 155

第七章　重新抚育：如何自我疗愈 / 191

第八章　超越自我：如何帮助友人 / 227

结束语 / 251

致　谢 / 255

第一章

自我发现：如何做自己

了解自己是一切智慧的开始。

——亚里士多德

"做自己就好！"我们在求职面试或者约会前，常常能从满心关怀的亲友那里听到这句话。但我以前一直对这句话心情复杂，因为如果你不确定真正的自己是什么样的，那么"做自己"就是一个相当棘手的任务。

"做自己？"但万一别人并不喜欢真正的我呢？万一他们就是不想录用我这样的人呢？万一他/她不想和我这样的人约会呢？

所以，我有一个更绝妙的计划：先弄清楚他们想让我成为什么样的人，然后我照着做就好啦！这可真是个好主意！换作以前的我，肯定会这样想。

我花了很长时间才明白，"做自己"并不是改变自己来迎合他人。但请别误解我的意思，如果我们清楚岗位要求，那么在面试中声明自己熟练掌握了 Excel 或 Adobe 是没问题的。但如果按照就职公司的要求来改变自己的核心价值观和行事风格，那我们深层的自我意识就岌岌可危了。

我们不可能按下模式切换的按钮，马上成为真实的自己。我们也不会在某天早晨醒来后就突然决定"嗯……我今天就要成为最完整、最真实的自己"，就像一件挂在衣柜深处的衣服，只等天气合适就能拿出来穿上。恰恰相反，"做自己"是一个延续的过程，最基础的步骤就是每天做出大量选择。所以，就算你还没有准备好做自己，也没什么关系。

从我作为治疗师的经验来说，几乎每天都有人怀揣着这种忧虑来到我的办公室。所以，世界上绝不是只有你"做不好"这件事，大家都是半斤八两。

什么是自我？

在我们进一步思考如何发现自我之前，先花点时间思考一下，"自我"究竟是什么。我们自我意识的根基在年幼时期开始形成，然后经过多种经历的影响和塑造。这些经历包括：

★ 婴幼儿时期与看护者们的交流。

★ 和看护者的关系是否充满爱意、令你安心。

★ 我们的主要看护者是否具有清晰的自我意识。

★ 周围的人们对我们怀着怎样的期待和愿望。

★ 我们的成长环境。

★ 我们原生家庭的情感稳定性。

★ 我们接受了怎样的学校教育。

★ 我们与同龄人如何互动。

★ 社会是否给予某些身份更高的评价，如企业家、运动员、模特，等等。

自我成长的概念逐渐发展出了主流倾向，加上人们日益关注如何成为最有效益（即"成功"）的自己，一个"理想"的自我概念就随之浮现出来：这个理想形象必须拥有强大的自我意识，足以跨越焦虑的障碍，不被任何事情触发情绪，能够每天早晨五点起床进行冥想训练，而且还得聪明到超乎想象才行。

但是这种"完美的"的静态自我概念，简直就是神话一般的存在。这是幻想中才会存在的自我，多年来始终如一。

我不知道你对此作何感想，但对我来说，这个形象听上去有点无聊和机械……而且，这肯定不符合现实！但是，我们中应该还是有很多人正在努力冲向这种神话般的自我概念——仿佛它值得为之奋斗。

而当我们把这个问题拆开来分析，便会对上述这些可能出现的做法报以理解。毕竟，我们如何分清哪些部分是真正的自我，哪些部分又可能成为真正的自我呢？我们的哪些结构部件是在迄今为止的生活经历之中形成的？

自我并非一成不变，而是由许多可活动的部件组成的。没错，这意味着青春期时那个笨拙的自我和长大以后这个成熟的自我，都是"我们"的一部分，两者不分高下。

关于自我的一切，我们永远无法完全洞悉和理解。虽然当今这个时代似乎痴迷于提高生产力、寻找最优解，但若想穷尽对自我的了解，这个目标也会让我们感觉肩负着千斤重担一般的压力。

因此，现在暂且停下脚步，简单检查一下你对于发现自我怀有怎样的期望吧，这对你大有帮助。看看是否需要调整这些期望，使之更符合实际一些——毕竟你并不需要像商品一样要被框在固定参数里打包装箱，无论框架是你自己还是别人定下的，你都可以有所突破。

自我的某些部分也许对你来说永远都只能是一团迷雾。你一开始也许会拒绝承认这一点，所以需要一点时间去接受现实——你无法面面俱到地了解自己。

记住，我们在这方面的精力是有限的。如果你坚持己见，一定要让事情按照自己的方式进行，这会消耗大量的精力。你完全可以把这些精力更好地利用起来，探头出去看看框架之外的世界。

如果我们想发现并展现自我，就绝不能把自我视为目标，或者视其为一个有形的、无所不见、无所不为、完全正面的存在实体。

我们都只是平凡人类，既有闪光点又有阴暗面。我们都会犯错，更重要的是，我们也需要犯错。

自我发现是一段旅程，我们如同顺着潮起潮落的水流，时而远离时而又不断靠近自我。所以，我们一定要允许自己跳出成规，勇敢探索。

如果你曾经经历以下情况，"做自己"可能会是一件难事：

★ 童年时期的个性和自我表现未能得到外界鼓励。

★ 有过被抛弃的经历。

* 在成长过程中或在成年后曾经遭受霸凌。
* 大家都有古怪却美好的一面,而你因为展露出这些特点遭受过批评。
* 不符合社会的规范和要求。

坚持选择做自己

学会做自己,这可能是我们最艰难也是最需要勇气的任务。我们许多人都会经常思考这件事,因为我们每天都在不断地认识自己,面对自己,创造出属于自己的方方面面。因此,若能不断发现自我,我们应该将其视为一件幸事而非诅咒,一种救赎而非苦难。

在我们生命中的每一天,都有各种各样的机会摆在我们面前。我们可以选择走向真正的自我,也可以畏缩不前,选择阻力最小的那条道路。

有时我们要做出的选择很简单,比如决定听什么音乐、看哪部新剧、读什么书或者打算吃点什么。这些基本不会影响我们的自我意识。如果我们是独自一人时作出这些决定,那就更是如此。

但也有一些选择会对我们的自我感知造成更大的挑战,导致我们很害怕作出决定。例如,我们可能与伴侣观念不合,然后又纠结于该"顺着对方"还是说出自己的想法;我们可能不赞同父母的某些行为,但又会觉得自己身为儿女并没有发言权;

他人对我们的期望可能与我们的自我认知有所冲突，但我们又会感到压力，不得不和他们继续相处……

我花了好几年时间向内探索，才得以获得现在这样的自我理解。这个过程也在很大程度上解放了我。如果你认为自我意识只是一个一成不变的目标，或是一个里程碑，你很容易就会给自己贴标签，比如"无聊乏味"，又或是"落后于人"，而这无异于掉入圈套。但如果你认为你的自我一直在不断变化——它在日常生活中是一个"成为"的过程，那你就会更容易获得快乐，变得更有求知欲和同理心。

最后，我们常常会在日常交往中努力不展现出自己本来的模样，不愿意做最真实的自己。事实上，伪装才是更加冒险的行为。从表面上来看，也许每个小的决定都显得微不足道，然而积其小者，必至于大，最终会导致自我的迷失。

什么是自我迷失

自我迷失的人会不清楚自己是谁，或者感觉与自己脱节。这可能只发生在某个突然的瞬间，也可能会是一种长期的脱节，甚至可能贯穿我们一生。

自我迷失的迹象如下：

★ 对自己的生活现状感到不满。

★ 不信任自己的判断。

★ 行事冲动，追求即时满足。

★ 对于以前不会让你感到困扰的事，你开始变得犹豫不决，作出决定后又会质疑自己。

★ 对自己和他人都变得更加吹毛求疵。

★ 深陷相互依赖的关系（在这种关系中，一方依赖另一方，而另一方也需要被依赖）。

★ 很难与周围的人建立更深层的联系。

在自我迷失的状态下，我们可能产生如下一些想法：

★ 我不知道自己是谁。

★ 我不知道自己喜欢什么。

★ 我不知道自己想做什么。

★ 我不知道自己想成为怎样的人。

★ 我不知道自己为什么活着，也不知道自己想从生活中得到什么。

★ 我时常感到惊慌失措、了无生趣、担惊受怕、优柔寡断，甚至有时还会感觉麻木。

★ 我感觉自己走在一条失败的路上。

★ 我觉得每个人都在有条不紊地生活，只有我除外。

★ 我感觉自己已经被大家甩在后面。

一旦察觉到自我迷失的感觉，我们就得尽早解决这个问题。

自我迷失的诱因

许多因素都可能导致自我迷失，其中最常见的是：

★ 亲密关系。

★ 原生家庭。

★ 悲痛情绪。

★ 心理创伤。

★ 角色变化。

亲密关系

有时候，我们的生活会与另一个人深深纠缠在一起。我们在意识到这一点之前，甚至可能完全忘了这段关系之前自己是什么样子。在这样的关系里，我们总会重视伴侣的需求，而忽略自己的需求。这种关系有时会变得充满控制欲或施虐欲，我们可能会为了保持和平而不得不去疏远朋友，甚至从社交活动中慢慢淡出。

如果用社会标准来评判，某一段浪漫爱情可能根本不足以被称为爱情，也许是因为你们并没有在圈子里公开关系，也可能是因为你们的联系只持续了不到三个月。但当这段关系落幕，我们仍会心烦意乱。也可能出现相反的情况，有的关系持续了数年，但在结束后，我们并不像想象中那样感觉糟糕。这其实是因为我们在这段关系里保留了很好的自我意识。

亲密关系就是如此——这是一种特别的联结，对我们生活的影响是时间无法衡量的。对我们来说，更重要的是亲密关系本身的意义，而非其中的各个侧面。当我们无法消化分手后那种心如刀割的感觉时，这一点就尤为明显。如果这只是一段短期关系，又或者你是提出分手的那一方，就更是如此。

亲密关系象征着满满的安全感和活力，更蕴含着对未来的初步设想。因此，我们会在进入一段关系后便开始考虑：如果让对方完全融入自己的生活，那会怎样呢？也正是基于这个原因，当一段关系落幕，我们不止因为失去某个特定的人而感到悲伤，更会因为失去了那段关系所象征的一切，以及我们眼里它所蕴含的一切而悲伤。所以，在分手后的那段时间，记得要对自己温柔一些。

原生家庭

心理治疗中有"安全基地"[①]的说法，这是所有孩子都需要的，否则他们成年后很难拥有稳定的自我意识。

养育者为我们提供这种安全基地时，我们才能安心去探索更广阔的外在世界。因为这让我们知道自己不仅始终处于安全的状态，在探索回来后也依然能在养育者这里获得存在感、体贴、安慰和爱。

不幸的是，许多人从未见过父母以这种方式出现在自己面前。有的父母是有意为之，有些则对此浑然不觉；有些父母已

[①] "安全基地"是约翰·鲍比（John Bowlby）提出的依恋理论中的一个核心概念：我们的心理稳定和健康发展与否取决于我们的心理结构中心是否存在一个安全基地；儿童、青少年或成人都可以反复离开这个基地去探索，并且在需要的时候返回。

经尽其所能想要做到最好,但他们也还要努力处理自己生活中的各种难题;有些父母则是直接缺席——无法提供物理上的陪伴,或者在情感上无法给予回应,更有两者都无法提供的情况;还有些父母本身就阴晴不定。由于我们在童年早期就会形成自我意识,所以以上任何一个"不安全基地"的例子都会让我们的自我意识变得模糊。

我们在年幼时经常遭遇的消极互动,往往都会变成根植内心的教训。如果一个孩子哭泣后受到责骂或殴打,这可能会导致他/她产生寻求帮助会带来疼痛的观点。这样的孩子可能会认为自己的这些情感引发了外界的攻击,从而拒不承认自己拥有这部分情感。如果我们在童年时期就开始否定一部分自我,很可能会在成年后出现情感失联和自我迷失的倾向。童年时创造的行为模式会伴随我们直到成年,即使我们早已遗忘童年的早期创伤,也可能成为成年之后都无法抹去的心理阴影。

悲痛情绪

当我们经历所爱之人的离世,最为坚定的那一部分自我都可能会被连根拔起。悲痛会让我们陷入全然彻底的漂泊无依状态。虽然我们通常只在核心社交圈里有人去世时才会有这种丧失感,但当那些不太亲近甚至未曾谋面的人去世时,我们的丧失感也许同样深刻,甚至会让我们倍感震动。以宠物的死亡为例,虽然当今社会总是对此予以否定,但这也可能是我们经历过的丧失中最为深刻的一项。这说明了一个事实：我们总是费心劳力地回避死亡及其必然性的话题，这不仅是个人行为，整个社会都是如此，所以当我们认识的人去世时，我们的逃避心态就会遭遇到重重的一击。

只要曾有过一次直面死亡的经历，我们可能就会开始质疑自己的人生选择和优先排序。那些曾经看起来至关重要的事情，会在突然之间变得无足轻重。我们的自我意识会由此产生一种割裂感，这是不可避免的。你会觉得周围人的那些焦虑实在是无关紧要。当然它也可能带来挫败感，让我们手足无措又心烦意乱。但请你记住，随着时间的推移，烦心事总会逐渐淡出你的生活。

虽然我们在当下可能体会不到这一点，但只要我们愿意，可以过一段时间再来审视自己的优先事项，抓住机会重置我们的自我意识，就能获得力量。作家米奇·阿尔博姆（Mitch Albom）[1]在《相约星期二》（*Tuesdays with Morrie*）[2]中说得很好："死亡终结生命，情感永存不朽。"这可以用来

---

[1] 米奇·阿尔博姆（1959— ），美国专栏作家，电台主持，电视评论员，慈善活动家。主要作品有《相约星期二》、《你在天堂里遇见的五个人》（*The Five People You Met in Heaven*）、《来一点信仰》（*Have a Little Faith*）等。阿尔博姆的几乎每本书都是直问生死，都是从老者、垂死者、死者的角度出发，跟老者谈论人生和抉择，让他们在垂死中获得救赎，让死者的灵魂重新审视自己的生活从而获得安宁。这样的直面生死能直接触动读者的内心世界，帮助读者走出困境，领悟人生的本质。

[2] 《相约星期二》是美国作家米奇·阿尔博姆创作的自传式长篇纪实小说。该故事真实地讲述了作者的恩师莫里·施瓦茨教授在辞世前的14个星期每个星期二给米奇所讲授的最后一门人生哲理课。年逾七旬的社会心理学教授莫里在1994年罹患肌萎缩性侧索硬化（ALS），已时日无多。作为莫里早年的得意门生，米奇每周二都上门与教授相伴，聆听老人最后的教诲，并在他死后将莫里教授的醒世箴言缀珠成链，冠名《相约星期二》。死亡既作为该作品的主题，又作为该小说的线索，传递了作者对于人生更深入、更透彻的思考，使作品本身散发出浓郁的哲学意蕴。

形容你与逝去的所爱之人的关系，也同样适用于你与自我的关系。你的自我没有消失，也没有真的迷失，你只是躲在悲痛的外壳之后，尽最大的努力舔舐着自己的伤口。

心理创伤

当一些超出我们处理和应对能力的事情发生，我们的相关反应被称为心理创伤。我们思考、感受、感知和处理事情的方式会发生改变，我们的身体、情感、心理、社交状况也会受到影响，还有我们的精神状态——可能会陷入自我迷失。

有些事情对某个人而言可能极度痛苦、难以忘怀，但对另一个人来说可能无关紧要。比如，在我们失去宠物或是有兄弟姐妹搬家时，不同的人对这两件事的反应可能截然不同。所以相较于事件本身的细节，我们更应去思考事件对当事人产生了怎样的影响，这更有助于我们准确理解心理创伤这个概念。

我们如果想重新和自我建立联系，就得先确认自己经历过什么样的心理创伤。但是，这对我们来说可能非常困难。我们经常会产生一些自我否定的想法，比如"我本该做得更好""我早就应该放下了""其他人还经历过更糟糕的情况呢"，或是"他们和我的经历类似，却依然过得很好"。需要注意的是，你之所以有这些自我否定的想法，大多是攀比心理在作祟。

还要记住非常重要的一点，我们经历的心理创伤不同，治愈方式也不尽相同。所以，即使我们对相同经历有不同反应，也不能说明谁更坚强或谁更脆弱。

我们会如何处理心理创伤呢？这受到许多因素的影响，比如我们的生理构造、事件本身的性质和我们能够获得的支持。我们会处理创伤，这是我们的大脑和身体应尽的本分，是为了保护我们的安全。所以，如果你因为创伤而感到自我错位，别担心，这些反应都是合理的。因此，如果你再发现那些自我否定的想法溜进了脑海，请记得提醒自己，你的经历是独一无二的，不能与他人比较。哪怕是看不见的伤口也需要小心呵护。

角色变化

归属感能带来安全感，所以哪怕我们只是孩子，也早就知道什么样的兴趣和倾向会阻碍我们融入团体。我们对所有这些信息进行筛选后，就会明白扮演怎样的角色才对自己有利。这些角色不一定总会和我们"真实"的自我背道而驰。有时候，这些角色只是稍有不同，或会更加低调。比如，我们可能会隐藏自己古怪的那一面。

我们从幼年开始就会有意无意地接收各种信息，比如什么算得上"酷"，什么是"好"。我们之后会进一步探讨家庭中的各个角色，但现在先让我们回顾一下自己的学生时代吧！那时候的我们总是被社会信息淹没：

★ 你可以复习备考，但最好别让别人知道你复习了。

★ 蝴蝶发夹就是时尚的象征，你得尽快用上才行。

★ 这么迷她干什么!

★ 做自己吧! 但是，不对……你这么个做法可不行!

★ 在这里要怎样做才能得到认可?

★ 怎样的行为会把我踢出这个圈子?

有时，即使我们只是失去了所扮演的某一个角色，也会感到自我脱节。比如我得知自己患有炎症性肠病时，会感觉丧失了自主能力，也失去了在家里舞台上扮演的那个"小戏精"角色。我现在是"有克罗恩病的小孩"，成了一个"病恹恹的小孩"。同样的，当我们结束了一段长期关系，脱离了自己在其中所扮演的角色，自我意识也可能会变得模糊；当我们从大学毕业或离职的时候，我们的时间不再以学期为单位来计算，办公室环境也恍若是另一个世界，我们可能会迷失自我。一些父母刚有了孩子后会感到内疚，因为他们很怀念成为父母之前的那一部分自我；还有一些父母会在孩子离家后感到失去了生活的目标。哪怕你失去的不多，但那也是失去。所有形式的失去都会被你敏锐地感受到。

花上五分钟：别人眼中的我，真正的我，我眼中的我

追溯迄今为止那些自我迷失的经历，问问你自己：

★ 我需要什么样的"自我"才能得到成长?

★ 我要成为什么样的人，才能被朋友们接受?

★ 在浪漫爱情的关系里，我得成为怎样的人才能被爱?

思考上述问题时，从过去的情况延伸到对当下的思考，考虑你当前的情况，看看你的答案对现在的情况有什么意义。

处理自我迷失时，不要这样做：

* 见不同的人就呈现不同的样子，彻底改变自己，只为迎合对方。
* 模仿他人。
* 顺从他人的期望。
* 在爱情中陷入不健康的依恋关系。
* 没有自己的观点，或不敢表达出来。
* 不假思索地接受他人意见，认为那就是"正理"。
* 说不出拒绝的话。
* 出于过度劳累、滥用药物、体育锻炼等原因，感到麻木。

> 逃避能带来一种表面的平静，但这充其量只是一种临时贷款（而且你可能需要付出高昂的利率）。

不想正视自我迷失

多年以来，我都在试图逃避，不想去面对自我迷失这件事。曾经的我并没有意识到这一点，只不过是把逃避当成习惯罢了。我没有意识到，为了逃避而做的一切努力顶多只能算是"缓刑"。生活中有些痛苦是必经之路，我们无法逃避。但我还是想要视而不见，因为去面对就意味着必须努力接受真正的自己——我真的不想这样做。

归根到底，这是因为我厌恶真正的自己。

我逃啊逃，逃啊逃，直到无处可逃。我陷入了某个低谷，常听别人这样说起，却从没想过自己也会陷入这般境地。巨大的悲伤和焦虑淹没了我。我难以入睡，焦躁不安，那平日里毫无症状的克罗恩病也开始发作，甚至恶化。看来，如果我面对认清自我这件事掩耳盗铃，身体最终还是会发出警报。

聚焦于自己的恐惧，这听起来像是冒险之举，好像我们越关注恐惧，就越会放大恐惧，甚至让情况更糟。想要远离不愉快的情绪和感觉，这是我们作为人类的本能。我们怎么可能欢迎不适的感觉呢？但是，正如卡尔·荣格（Carl Jung）[1]所说，"你越是反抗，它越是强大，而且会持续存在"。正是因此，我在 23 岁时还是接受了治疗，这也是为什么我最终不得不选择面

---

[1] 卡尔·荣格（1875—1961），瑞士心理学家。1907 年开始与西格蒙德·弗洛伊德合作，发展及推广精神分析学说长达 6 年之久，之后与弗洛伊德理念不和，分道扬镳，创立了荣格人格分析心理学理论，提出"情结"的概念，把人格分为内倾和外倾两种，主张把人格分为意识、个人无意识和集体无意识三层。曾任国际心理分析学会会长、国际心理治疗协会主席等，创立了荣格心理学院。1961 年 6 月 6 日逝于瑞士。

对，而不是继续逃避。

也许你会深有同感，也许没有。我并不认为我们一定要陷入最低谷才能解决自我迷失的问题，但我发现，选择直面自我的迷失感后，往往会感觉不适。不过，不适感也不一定总是坏事。有时，这会是一种转变的信号，类似于一种生长痛。

关于逃避，你要记住：

* 逃避能带来一种平静的假象，但这充其量只是一种临时贷款（而且利率可能很高）。
* 如果你想把恐惧和不适完全赶出自己的意识，这会相当耗费精力。
* 如果我们对自己已经握在手中的东西视而不见，那又何谈"放手"呢？
* 把精力花在逃避上，会耗尽我们的活力。
* 抵抗本身更令人不安，而非那些我们抵触的想法。

发现并重新建立联系

如果你正处在与自我重新建立联系的过程中，你会发现，没有什么按钮能帮助我们一键完成，也没有明确的终点线让我们快速跑过。自我发现之旅中，没有捷径可走。旅程本身就是宝藏，线索就藏在这个词里。自我发现是个发现的过程，这个词代表了求知欲、剖析和拆解。好消息是，你已经在阅读这篇文章，说明你已经迈出了第一步。所以就接着往前走吧，你已经怀着真诚的态度参与进来了。

自我发现是一个过程,而不只是为了达到目的而已。

因此,你大可以让自己放松下来,顺其自然,享受这个过程本身。

> **花上五分钟:省悟自己的选择**
>
> 我们可以根据每天的行为来观察自我发现的过程,所以,请问问你自己:
>
> ★ 哪些选择和行为让我更接近自我?
> ★ 哪些选择和行为让我更远离自我?
> ★ 我是在逐渐靠近真正的自我,还是在渐行渐远?

察觉并命名

察觉到自己的情绪,然后对其命名,可以弥合我们的想法和感受之间的差距。在陈述情绪时,试着说出你的感受:不要说"我很生气",要说"我感觉很生气";不要说"我很焦虑",要说"我感觉很焦虑";不要说"我有压力",要说"我感觉有压力"。以此类推,从"我是这样的"变成"我有这样的感觉"。这个步骤能让你认识到,这种情绪并不是你的全部,能给你空间来观察这种感觉,而不是任其发生;它还能温和地提醒你,你所感受到的情绪只是暂时的——当你感觉很难受时,认识到这一点能带给你安慰。

察觉并命名我们的感受，不仅是身体上的，还有思想上的。这听起来像是老生常谈了，但许多人还是不想实践，因为这可能会带来不适。

我的一位导师曾给出这样一条建议：你可以在房间的某处或你的手机背面上贴一张小贴纸。每当你注意到它，就去体会一下自己身体上的感受吧。你可以先这样问问自己：我现在感受到了什么？随着时间的推移，我们自然会越来越习惯于这张贴纸的存在，也就更容易对它熟视无睹，但我可以肯定地说，在我把这个小蓝点贴在书架上很多年后，它仍然会时不时起作用。

花上五分钟：感受自己

我们都拥有感受自己和观察自己的能力。但在我们掌握的各种工具中，最容易且最未充分利用的却莫过于这项能力了。这其实并不复杂，我们现在就可以试试看：

* 我此时此刻感受如何？也许感觉有点疲惫、饥饿或焦虑。
* 这种感觉又让我联想到了怎样的重要感受，然后让我意识到这一切？把你的答案写到日记里吧。

继续玩耍

作为孩子，大人总会允许我们玩耍。我们在水中跃跃欲试，披上斗篷，扮演着各种角色。"这个角色像不像我？还是一点也不像？"作为一个有六个孩子的"老阿姨"，我敢说，如果禁止孩子玩耍，哪怕在地狱里也是人神共愤的事！

但是，当我们已经20岁出头，社会对我们的期待就开始转变，我们似乎不应该经常玩耍了。然后，等我们到了35岁左右，就会被完全禁止玩耍。

"不要再玩了！你已经是一个'成年人'了，该清楚认识你的自我了。任何尝试、测试或玩弄自我的行为，都可能被视为四分之一人生危机[1]或中年危机。"

游乐人生仿佛成了"不成熟"和"失败"的标志。所以，我们失去了玩耍和探索的能力。但这也让我们把运动或成长的空间压缩到几近于无——可是，我们并不是生来就一成不变的啊。我们的身体一直在变化，我们的自我也是如此。我们会随着成长丢弃一部分自我，而有些部分的自我则会伴随我们一生，还有一些部分是我们在年龄增长后才发现它的存在……

花上五分钟：游乐人生

请花点时间来问自己以下问题：
★ 有没有什么事情是我一直想尝试但还没有尝试的？
★ 可以是舞蹈、表演，也可以是芬兰语的入门课程！

---

[1] 四分之一人生危机是指青年时代对单位、对象、脱贫致富等各方面焦虑的汇总，描述了一种"难道我这辈子就这么回事儿了吗"的人生危机感。"它并不按照字面意思发生在你寿命的四分之一"，来自格林威治大学的奥利弗·罗宾逊（Oliver Robinson）教授说，"而是你完全变成一个成年人道路上的四分之一，差不多是30岁前后，25—35岁这段时期"。

> ★我还有没有什么办法去探索这个呢?
> ★哪怕只是一点点?
> ★允许自己尝试吧!
> ★允许自己犯错吧!
> ★重新开始玩转人生吧!

识别原始脚本

我们每天都在做出一系列选择,有的会让我们靠近自我,有的则会让我们远离。踏上自我发现之旅后,我们会对这些日常选择变得更加好奇(但是不加评判!),这也是发现自我的一部分。

我曾经觉得"闲聊"是件特别痛苦的事,不是因为那些老套乏味的谈话话题,而是因为聊完天后我对自己的感觉。我根本没法在闲聊中表现出真实的自我。有些话连我自己都不相信,但还是会说出口,只是因为"大家都这么说"。而且我发现自己偶尔还会加入一两句小道消息,因为我实在是太怕冷场。等我结束谈话回归独处以后,又会责备自己当时的所作所为。我之所以会那么做,实际上是因为我害怕被拒绝,并对此感到恐惧和焦虑。如果他们不喜欢我怎么办?如果他们认为我是个怪人怎么办?我忙着猜测对方想要什么或者欣赏什么,根本没有机会在谈话中展示出真实的自我。

就这样,我和自我渐行渐远了。

我在意识到自己这个习惯后,就改变了我在那些场合的参与方式。新萌发的意识让我开始见微知著，因为只有注意到平常的感觉和行为后，才会质疑背后的原因。

我的内心关于闲聊的独白脚本原本是这样的："我的天啊！快停下来！大家都会发现我有多蠢多奇怪了。我刚才说的话简直毫无意义。我刚才真的这么说了吗？我还同意了那句话吗？我真的同意了吗？我是不是还说了一个糟糕的双关语？你为什么要这样做？说真的，莎拉，回家去吧，我给你下最后通牒了，大家都讨厌我。"

你现在应该知道为什么我离开社交场合时总是惊惶失措了。但我现在已经明白了，我其实错过了与他人真正建立连接的机会。我之前一直担心自己会在互动中出错，所以看不到这也是建立连接的机会。有了这种对联系潜能的识别能力之后，它可以成为促使你改变的催化剂，无论你是在闲聊、与家人聚餐、开工作会议，还是其他任何会触发我们的情绪、使我们远离真实自我的情况。

写出支持自己的脚本

有时我们会感到一阵强烈的冲动，想要去取悦或安抚别人，然后又会变回熟悉的模式。即便如此，这种识别力也会为我们提供空间，我们也因此能进一步探索当下的情况究竟如何。

显然，我在闲聊时的内心消极独白并没有带来任何社交上的好处。不过，一旦我开始意识到实际发生的情况，这种消极独白就成了激发自我发现的宝库。当我意识到自己渴望取悦他人，随后又会展开自我批评，我就会把这件事写下来。把思考过程写在纸上，能让我了解事件本质并作出反应，我会以一种更温柔友善的态度去看待它，而不是像往常那样用言语抨击自己。

因此，我现在已经改写了关于闲聊的独白脚本，改成了更积极、更支持自己的内容。好吧，先让我们过一遍吧。闲聊的时候，我总是觉得自己太赞同别人，或者总会说一些并非我本意的话。没关系，我理解其中的一些原因——我心存顾虑。但事实是，我不需要向任何人证明我的价值，即使我发现自己在这次经历后又故态复萌也没关系。我还在学习，得一步一个脚印地走，所以不用把自己逼得那么紧。他们问了我一些问题，我意识到自己又想附和他们的意见了……但我真正的想法是怎样的？目前还不知道，那我就先说"不知道"吧，之后再仔细考虑一下。很好，深呼吸，慢一点，慢慢来，你做得很好。

如果生活中有什么方面让你感觉不知如何是好，你也可以为自己写下这样一套支持自己的脚本，这并不只是权宜之计，而是可持续使用的。你只要采用这个方法，就可以暂时不再陷入愤世嫉俗的状态，就能在焦虑的时刻获得有力的精神支柱。从本质上讲，在这套脚本的帮助下，你既能变成自己的附和者，又能变成自己的"安全毯"①，然后温和地把自己引回真实的自我。

---

① 安全毯又称安慰物，是借以减轻或消除不安全感和恐惧感，平息不快和激动情绪的物品，一般是可以吸吮或抚摸的。儿童时期很多孩子都有安全毯，可以是一块毛巾、小枕头、毛绒玩具等，便于孩子寻求心理安慰。

> **花上五分钟：编辑你的脚本**
>
> 你可以拿出笔和纸，或者在你的手机上打开空白的备忘录（记得先滑走手机上的通知），然后……
>
> ★ 以上诸例子为指导，写出你的"原始脚本"。它不一定非得像我的那样是关于闲聊的。它可以是关于任何事情，比如说，你如何谈论你的身体、能力、工作，或是你为人父母的方式。选择你觉得合适的话题就好。
>
> 你在一天/一周内有哪些与自我或与他人联系的机会？写下来吧（记得围绕你选择的话题）。你的原始脚本是不是可能让你忽略某些机会？（比如你照镜子的时候，你坐在外面的时候，或者你坐在笔记本电脑前复盘工作的时候，这些都有可能。或者是你与朋友、家人、熟人、同学，甚至上下班途中遇到的人在一起的时候。）
>
> ★ 你能识别这些想法背后的担忧和恐惧吗？一旦你能意识到，就可以根据充满恐惧的原始脚本，来写一个充满关爱和支持的替代脚本。在那些具有挑战性的时刻，你都能用这个新的脚本来支持自己。

专门留出时间来独处

想要更好地了解自己，还有非常重要的一步：花一点时间独处。我知道你可能对此不屑一顾，但我不是在建议你像《美食、祈祷和恋爱》[1]中那样环游世界，或者像和威瑟斯彭[2]一样徒步太平洋屋脊步道。

"花时间独处"，这听起来像是人们最不想做的事情，甚至只是想一想独处这件事都可能会带来恐惧。也许你会把独处与孤独联系起来，但这两者其实不是一回事。

独处的时间总是很安静，我们时常担心自己在一片寂静中会面对什么。个人主义逐渐兴起，人们也越来越重视自己的私人空间，静止和停滞经常被混为一谈。如果我们静止不动，那么我们就没有在努力产出"更伟大""更优质"或是"更有利可图"的事物。这当然是无稽之谈，但社会总会传递给我们这样的隐含信息，投射出长长的阴影。

定期为自己留出独处时间，能给我们带来很深的滋养，也是培养强烈自我意识的好方法，可以远离生活中的常见干扰。在这个世界里，我们总是过度劳累、分身乏术。社交媒体、播客和其他外部刺激总在分散着我们的注意力，噪声充斥着每个安静的角落，所以，独处是我们必要的练习。

---

[1] 《美食、祈祷和恋爱》是由瑞恩·墨菲执导，朱莉娅·罗伯茨、哈维尔·巴登、詹姆斯·弗兰科、维奥拉·戴维斯等主演的一部爱情片，于2010年8月13日在美国上映。该片改编自伊丽莎白·吉尔伯特的同名自传小说《一辈子做女孩》，讲述了伊丽莎白·吉尔伯特在感情受伤之后，决定出门旅行，既为转移注意力，也为与自己独处、找回自我。她在感受不同国度的美好事物过程中重新唤起内心的生活希望，并找回真实的自我。

[2] 瑞茜·威瑟斯彭（Reese Witherspoon），1976年3月22日出生于美国路易斯安那州新奥尔良，美国影视演员、制作人。2014年12月，与盖比·霍夫曼、劳拉·邓恩等共同主演的传记电影《涉足荒野》上映。该片改编自美国作家谢莉尔·斯瑞德的同名自传。她在这部电影中扮演的谢丽尔·斯特雷德在经历母亲去世、婚姻破裂后认为自己失去了一切，做出了一生中最冲动的决定——独自一人去徒步著名的太平洋屋脊步道，从莫哈韦沙漠出发，穿过加利福尼亚、俄勒冈州，最后到华盛顿州。这条路仅仅是一个模糊、古怪的想法，但它又充满了希望。

我们当然都有独处的能力，如果做不到，也并不说明我们无能、懒惰或没有时间。其实，我们大多数人担心的是，坐在那里体会自己的感受时会有一些不适感跃入脑海，而且难以控制。所有人都会有难以消化的情绪、焦虑和悲伤，可能不是因为发生了什么"大事"，而是来自我们每天受到的冷落，比如被亲近的人误解，或是被同事疏远。因此，你最好为一天的情绪积累专门留出空间，不然因逃避而积压的情绪很可能会在很久以后爆发。

冥想确实是一种很好的练习，但我们独处的时间并不一定全都要用来做冥想。你可以利用这段时间做任何你真正想做的事情。

独处时间可以做什么？

★ 绘画或写作，这可以锻炼你的创造力。

★ 用本章的心理笔记进行自我反思。

★ 出去散步（最好不要戴耳机）。

★ 感受大自然，脱掉鞋袜，光脚站在草地或泥土上。

★ 培养早晨的例行事项：起床、伸个懒腰、泡茶、写日记、设定当日目标。

★ 每天留出专门的时间不使用电子设备，让自己远离科技产品。早上可以先安排五分钟，然后再尽可能延长每次的时间。

与他人建立联系

找到独处之美，这样的练习必不可少，但预防孤独感也至关重要，这两者之间有很大的区别。

当今世界如此繁忙，我们中的大多数人都比以往任何时候更容易感到孤独。即使我们生活在市中心，被汹涌的人潮包围，可能也会比独处时更觉孤独。这方面的研究层出不穷，详细说明了孤独对我们身心健康的影响。有报告显示，年轻人比任何其他年龄段的人都更容易感到孤独。社会空间本来是我们建立联系的地方，然而这样的空间却在逐渐消失。人们和一个相对陌生的人面对面交谈时，总会觉得自己不被信任，或是对方有所保留，这在城市的通勤场景中更是常见。

社会给自我孤立的现象披上了"自我关爱"的外衣，这导致问题变得更加严峻。人们逐渐倾向于待在家里、取消约会甚至是切断联络。当然，在某些时候，采取以上措施很有必要，而且对我们的身心健康有所裨益。但除了这些时候，建立联系才应该是我们生活的重中之重。

毕竟，我们和他人相处时可以挖掘出很多关于自我的信息。你再翻回前面的原始脚本和支持自己的脚本就可以看到，哪怕只是简单地和他人待在一起，我们都会显露出很多行为模式、反应方式，也会被激发好奇心。

有时候，我们会觉得逼自己走出家门很困难。走出家门，让新鲜空气吹走心底的蜘蛛网，现在已经越来越不是一件"自然而然"的事情了。但是，我们并不一定要单凭自己努力走完自我发现的旅程。事实上，这个任务也绝不可能独自完成。我们偶尔也需要推着自己迈出步子，去重新和他人或自我建立联系。

花上五分钟：让自己思考片刻

★ 我现在感觉怎么样？
★ 我此刻是否感到孤独？
★ 现在对我来说什么是最好的？
★ 我上一次和别人去喝咖啡是什么时候？
★ 我最近工作有多忙？

感应你的直觉。虽然你可能想在舒服的被窝里赖上一整天，但你的直觉告诉你的是什么？

备忘单：与自我建立联系的方法

★ 自我反思　　★ 写日记　　★ 冥想
★ 运动　　　　★ 阅读　　　★ 和他人交谈
★ 体会自己的感受　★ 做一些尝试　★ 听听音乐
★ 接受心理治疗

心理笔记

在接下来的一个月里，请你每晚睡前花五分钟时间反思以下问题：

> * 在刚刚结束的这一天里,我何时何地有机会与自我建立联系?
> * 我希望能和自我建立怎样的关系,有怎样的感觉?
> * 在即将到来的明天,我能做什么来帮助自己更靠近希望的图景?
> * 今天有哪三件事让我心怀感恩?
>
> 一个月后,你就会建立一个关于自我的信息宝库,其中还会有一些可行步骤,指导你更接近真实的自我。

奋勇向前

但愿这一章能为你提供一些顿悟的时刻。你不必把每条都记住,这些知识并不会消失,而是会持续地在你脑海中被提炼、处理、酝酿、重组。美国散文家拉尔夫·爱默生(Ralph Emerson)[1]在《论自助》(Self-Reliance)中写道:"在每一部天才的作品中,我们都可以找到那些曾被我们自己摒弃的思想。"让我们把爱默生的理念稍加发挥,不只是著名的天才作品,还有许多作品都是如此。你有多少次把自己在网上读到的内容转发

---

[1] 拉尔夫·沃尔多·爱默生(Ralph Waldo Emerson, 1803—1882),生于美国波士顿,美国思想家、文学家、诗人。爱默生是确立美国文化精神的代表人物,是新英格兰超验主义最杰出的代言人。美国总统林肯称他为"美国的孔子""美国文明之父"。

给了朋友？又有多少次在书上看到一句话，然后急忙记在本子上？又是否曾经在听到一首抒情歌曲时，被歌词深深戳中了你的心坎？我们每天都能在阅读的文字和听到的话语中发现自我。在你前进的路途中，请把这一点牢牢记在心里。

当你迎接挑战时，请记住这些温馨提醒

- ★ 感到不确定也很正常，你承受不适的能力也在逐步增强。
- ★ 你已经在当下尽你所能了。我们的努力表现总会有所不同，这取决于某天某一时刻的状态，每个人都是如此。
- ★ 你以前也经历过困难的时期。你正在阅读这本书，就说明你已经在提高你的觉知了。做个深呼吸吧。
- ★ 你已经踏上了自我发现之旅。这没什么好否认的。
- ★ 没有人的生活是一帆风顺的（哪怕社交媒体上有很多人看上去是光彩照人的）。每个人都在摸索自我，这是每天的常规工作。你并没有自我迷失，你仍然是一个完整的人，只是你心里还有某些部分需要时间去愈合。

第二章
探索依恋：如何建立有意义的亲密关系

你的生活质量最终取决于亲密关系的质量。

——埃丝特·佩瑞尔[①]

你有没有想过，为什么有些人会被你吸引？为什么伴侣不回你的短信时，你会如此沮丧？为什么你们总是在为同样的事情争吵？也许你还发现，自己单身的时候格外想谈恋爱，但真的恋爱以后却没有了这种渴望？为什么你的朋友才约会两次就准备和对方同居，而你却花了两年时间才有勇气对恋人说出那句"我爱你"？在我们的现实生活中，我们都有着截然不同的相爱的方式。

[①] 婚恋心理咨询师、《纽约时报》畅销书作家，被认为是现代亲密关系领域最具洞察力和独创见解的人。其国际畅销书《亲密陷阱：爱、欲望与平衡艺术》被翻译成近30种语言，成为全球现象级读物。最新作品《危险关系：爱、背叛与修复之路》同样登上了《纽约时报》畅销书榜。《亲密陷阱》与《危险关系》简体中文版均已出版发行。

探索依恋类型

如果你接受过心理治疗,那就应该接触过"依恋"这个概念,我有很充分的理由这样猜测。这个概念可能是以某种形式出现在你的心理治疗里的,但从本质上讲,"依恋"体现的是我们与他人相处的方式。我们的"依恋类型"(attachment style)负责告诉我们,生活中出现的人是否能提供安全感、是否能满足我们的需求。我们的关系蓝图(relationship blueprint)就总结了我们与他人之间的情感纽带或联系是属于哪一类型的。

了解我们的依恋类型很有帮助,因为:

★ 它影响着我们在每段关系中的感受、思考和行为。

★ 它影响着我们的亲密关系,以及我们对爱情、友情和亲情的看法。

★ 它影响着我们处理冲突和解决问题的方式。

★ 它能让我们更深入地了解自己童年时期的感受。

★ 它会展示我们如何抵抗情感上的联系。

★ 它会揭示哪些关系创伤需要引起我们的关注。

依恋类型形成于童年时期,婴儿与养育者之间的关系对此深有影响。依恋对于人际关系和情感发展至关重要。养育者为我们提供生存所需的一切:食物、温暖和安全。与养育者建立情感纽带,是我们与生俱来的本能。

我们的依恋类型形成于我们被养育以及玩耍的过程中,最重要的是,取决于父母对婴儿需求的反应。例如,孩子哭闹时,父母是如何反应的？是轻柔地安抚低语，还是沮丧之下提高嗓门？父母会直视孩子的眼睛吗，还是说根本不理，或者只顾着玩手机？

这些互动的效果都会累积在一起，最终决定孩子的安全感能有多坚定。如果养育者能始终如一地给予充满爱的回应，并且回应速度很快，孩子就能感觉到这一点，知道自己可以信任照顾他们、负责他们生存的人。

这样，他们就能在根本上巩固安全依恋的基础。

依恋类型可以分为四类：

1. 焦虑型。

2. 回避型。

3. 混乱型。

4. 安全型。

然而，正如我们的自我意识会一直变化，这些类型也不是一成不变的。虽然依恋类型形成于童年时期，但在之后的整个人生过程中还会受到许多因素的影响。

各种积极或消极的生活经历都可能带来影响，比如早年结交的朋友、遭遇霸凌、搬家、生病、经济上或好或坏的状况、所爱之人离世、与所爱之人分离、亲密关系中的治愈经历、个人成就、药物成瘾、被虐待、被忽略、对自我工作的投入等。除此之外，还可能有其他因素。如果我们在做心理治疗，那么和治疗师的关系也大有影响。消极经历会让我们丧失安全感；而积极经历则会带来疗愈，让我们更有安全感。

没有哪种依恋类型一定"不好"。依恋类型也不能说明任何负面或虐待行为就是合理的。"不是我想这么做,而是我的依恋类型就是如此。"这种说法没法让你拥有长久稳定的关系。

虽说没有不好的依恋类型,但我们许多人还是希望能建立更安全的联系,因为这会让我们在情绪上和关系上都少受痛苦——扫除这些障碍,我们才能过上充实的生活。

我们得明白,童年时期形成的依恋类型不是自己主动选择的结果,而是为了保护我们的安全自发形成的。因此,我们要把这一点牢记在心,在探索自己的依恋类型时,也要处理随之而来的各种信息,同时最好带着同理心、求知欲和治愈自己的意愿。

花上五分钟:审视自己

在进一步探讨不同类型的依恋之前,让我们先审视一下你目前的想法。也许你迫不及待想再往前看,想知道更多;也许你已经想好了自己希望拥有哪种依恋类型。先来问问自己吧:

★ 我有哪些先入为主的假设?
★ 我能在阅读的时候保持开放的心态吗?
★ 如果发生意外情况,或是被误解,我是否能坦然接受?
★ 我能区分期待和现实吗?

保持开放的心态和求知的欲望相当重要。

焦虑型依恋

"焦虑型依恋"的特征是对亲密关系的极度渴望。人们常用"阴暗"和"缺乏安全感"来描述这种依恋类型的人,但现实情况要微妙得多。

在焦虑型依恋中,我们可能会在轻微的孤独感中徘徊,可能会为了"迎合"所处的关系而改变自我,可能会向一个不回消息的朋友短信轰炸。

"我一个人会感觉有点失落","我需要很多保证才能在亲密关系中有安全感",对那些焦虑型依恋的人来说,以上这些可能都是心声。

> 具有焦虑型依恋的人,
> 能敏锐地察觉到他人的细微变化,
> 对他人的退缩迹象很敏感(真实发生的+自己感知的),
> 需要持续的亲近和接触。
> 在伴侣疏远自己时,会"假性妥协",
> 会对伴侣的行为多疑+感觉到一阵阵强烈的嫉妒之情。

这种依恋类型的人往往洞察力敏锐。这是一项很好的技能，能让你从房间的布置中就读懂一个人，能让你了解他人的情绪温度，还能让你本能地知道身边的人什么时候情绪低落，需要帮助或倾听。

这份观察和感知的能力确实强大。然而，当你有能力从环境中捕捉到细微之处时，也难免会用这些细节来解释别人对你的看法，或因此变得更加恐惧于别人对你的看法。

对焦虑型依恋的人来说，他人的退缩或拒绝行为是重要的触发因素。这些行为可能是真实发生的，也可能只是他们自己感知到的。例如，当某人不说话时，焦虑型依恋者可能会认为这是因为自己不被喜欢，对方厌倦了自己，所以才会选择沉默；或是因为他们在某方面"做得不对"，对方才会退缩。

各种依恋类型其实不是绝对的，而是一个谱系。因此，哪怕有些人是相同的依恋类型，他们的焦虑程度也会有所不同。

此外，我们在友情和爱情中感受到的焦虑程度也可能截然不同。依恋反应也许像尖叫声一样相当强烈，但也可能只会带来轻微的忧虑，如同嗡嗡声，成为我们一整天的背景音。

焦虑型依恋的人被触发后可能会说：

★ "我爱你胜过你爱我。"

★ "我想把所有时间都花在你身上。"

★ "我一个人待着就会焦虑不安。"

★ "你这是想要离开我了。"

★ "你肯定是想出轨了。"

★ "是我做错了什么吗？"

★"你在生我的气吗？你还好吗？"

★"你为什么不回我短信？"

★"你根本不在乎我。"

焦虑型依恋是如何形成的

除了童年，还有很多因素会影响依恋类型，但焦虑型依恋最初成型主要还是取决于童年时期的养育者如何：

★难以预测养育者是否会及时出现。

★对孩子的表扬和/或惩罚反复无常。

★不能满足孩子的个性化需求。

★喜欢让孩子陷入无助的境地。

★不鼓励孩子自主。

如果我们在童年时就缺乏心理上的保障，不安感就会在心中越积越多。等到我们成年之后，当需求受到威胁时，依恋系统就会被激活，导致我们做出寻求安全感的行为（safety-seeking behaviours），这有时也被称为"抗议行为"（protest behaviours）。

其实，这些行为都是为了找回安全感。值得注意的是，我们认为会带来安全感的事物并不总是正确的。有时这种"安全"只是一种暂时的错觉，或者我们只是把安全感与熟悉感混为一谈罢了。

对于焦虑型依恋者来说，亲密和依赖才能带来安全感。尽管每一段关系里都会有寻求安全感的行为,但在焦虑型依恋者身上,这些行为的频率之高和强度之大甚至会让对方招架不住。而在他人对这些行为产生负面反应之后,焦虑型依恋者甚至还可能变本加厉。

焦虑型依恋中的安全寻求

焦虑型依恋者总会试图重新建立亲密关系,并引起他人回应,他们做出这类行为的目的是寻求安全感。

虽然有些行为似乎对建立亲密关系适得其反,但我们要知道的是,负面回应仍然是一种回应,因为这表明对方仍然在守候。他们还没有离开,至少没有完全抽身而退。焦虑型依恋者往往寄希望于不停追问或假装退缩,想借此让对方放下矛盾跟自己重归于好,从而重建安全感。

因此,尽管焦虑型依恋者可能会对事态表现出一副退缩或"无动于衷"的模样,但他们的内心也许正在经历情感的风暴。

焦虑型依恋的人可能会出现以下寻求安全感的行为:

★ 信息和电话轰炸他人,并且经常查看他们是否在线。

★ 忽视、回避对方,或假装沉迷于其他事物,如书或社交媒体。

★ 与其他人约会,好让自己看起来"很抢手"。

★ 试图通过话语暗示来诱发对方的嫉妒,例如提及今天有人与自己调情,或者谈论自己的前任。(虽然谈论暗恋、

恋爱史和性经历在任何健康的关系中也都属于正常行为，但如果谈论的目的是引起对方嫉妒，那就会损害这段关系的整体安全感）

* 威胁对方，说如果现状不见好转就要分手。

治愈焦虑型依恋：如何入手

对于焦虑型依恋者来说，想要建立更加健康的关系，关键的一点就在于培养内心的安全感和独立性。

如果恋爱关系的另一方是安全型依恋者，那么这一点就比较容易实现，因为安全型依恋者可以做到始终如一，让我们相信他们值得依靠。而如果焦虑型依恋者和回避型依恋者在一起，想做到这一点就困难得多，因为回避者往往会让焦虑者对自己的负面看法得到进一步印证：当回避者退缩时，另一方的焦虑就会被激活，让他们的固有想法变得更为强烈，比如"我太过分了""我太黏人了"……如果你发现自己的恋人属于非安全型依恋类型，也不要灰心，这并不意味着你们的关系会惨淡收场——但是你们双方都必须更加努力地经营关系，才能以更健康的方式沟通彼此的需求，创造安全感。

不过，并非只有恋爱关系中的人才能培养安全感，每种类型的关系都有带来治愈的可能。无论是恋爱还是单身，我们只要投入时间精力去发展各种不同类型的关系，总能从中受益，不论那是旧日友谊、新生友谊、集体活动还是其他什么。你应该和那些支持你成长的人在一起，远离那些指责你成长的人。如果能培养起对自我的信任，一定也会对此有所帮助，这一点我们会在第七章详细介绍。

也许，我们很难去承认自身的依恋类型在生活中是如何表现出来的，但有个好消息是，你的行事作风并不会完全受困于早期的安全体系。所以不要去责备和羞辱年轻时的自己，因为当时的你别无选择。比起责备，不如试着去理解自己。如果你觉得还是理解不了，那就继续保持好奇心，勿忘初心，坚定你进一步提升自己的决心。

我们要为自己成年后的所有行为负责。因此，如果我们想要反思自己曾经欠妥的行为，比如试图引起他人嫉妒、以分手作为威胁等，首先要正视自身的行为，然后才能解决这些行为背后的焦虑或担忧，开始学习并练习自我调节的技巧。

回避型依恋

回避型依恋的人可能会给人留下这样的第一印象：神秘、怀有戒备之心、不愿袒露自我。在他人眼里，回避型依恋者不太能给出情感支持，对他人感受反应迟钝，像是有"承诺恐惧症"。根据回避型依恋在谱系中的位置而言，这些描述可能都是正确的。

回避型依恋者最看重的就是自力更生和自我独立。诚然，如果我们对自身行为有清醒的意识，同时也怀有自我确信感，那就说明我们拥有健康的自我。但是，回避型依恋者对以上两点都有过度的需求，而这会给自己和他人带来痛苦。

回避型依恋的表现包括：

★ 对他人缺乏信任，有意无意与他人保持距离。

★ 在合适的时机玩消失、取消和他人的约会，甚至彻底断绝联系。

★ 一直背负过去的痛苦，使现在的亲密关系也深受影响。

★ 哪怕在恋爱，也是自己满足自己的需求，而不会依赖对方，因为如果对方无法满足自己的需求，就会饱受痛苦。

回避其实是一种防御机制。但对回避者而言，他们其实是将自己屏蔽在真正的情感连接之外，甚至抹杀了这种可能性。因此，他们通往情感亲密的道路会变得格外艰难。

归根到底，没有人能完全只靠自己。所以，当回避型依恋者心中涌出对真正连接的渴望时，他们通常必须强制自己把这些脆弱心理抛在脑后。当他们无法完全摆脱这种渴望时，他们便会责骂和折磨自己——"我竟然把对情感连接的需求放在了首位！"随后，他们可能会对伴侣吹毛求疵，因为他们在内心对这些需求持否定态度，对方却能开放自如地就此进行沟通。这可真是个恶性循环啊！

回避型依恋模式被激活时，他们可能会说：

★ "我不需要任何人。"

★ "我不喜欢求助于人。"

★ "我不需要从这段关系中得到任何东西。"

★ "我需要有自己的空间。"

> 具有回避型依恋的人，
> 特别重视自主 + 害怕失去自主，
> 难以承受他人的情感需求，
> 情感交流不畅。
> 当别人表露出性格瑕疵，他们可能会误认为这是关系陷入危机的信号。
> 处于亲密关系和亲密感之中时，他们往往感觉并不安全。

回避型依恋是如何形成的

我们在人际关系中究竟是否感觉安全，会受到我们各种过往经历的影响。例如，即使我们在童年时形成了安全感，但在长大后遭受欺凌和情感虐待，等等，这些经历也会侵蚀之前的安全感基础。

然而，回避型依恋整体而言还是与童年经历有关。他们往往在童年时期感受不到自己的身体需求，或者会在这些需求出

现时将其降到最低,比如忽略自己对舒适感和关爱的需求。之所以会出现回避型依恋,往往因为他们童年时期的养育者具备以下特点:

* 反复无常或令人恐惧。
* 对孩子表达的情感不予回应,不鼓励孩子表达情感,自己也不屑于表达情感。
* 不让情感表露出来。
* 让孩子感到被忽视或被拒绝。

孩子成年之后,就会在亲密关系中延续并重复养育者的这种行为模式。

回避型依恋者如何寻求安全感

我们的依恋类型如果不表现出来,通常会慢慢隐入生活的底色之中,但会有某些特殊情况特别容易激活回避型依恋。比如说,某个与我们关系密切的人生我们的气;真实发现或感知到别人充满控制欲的行为;有人与自己接触过密或表现出过高的感情需求。

与焦虑型依恋者一样,回避型依恋者在被激活后也会采取行动,试图重新建立起内心的安全感。但不同的是,焦虑型依恋者是通过亲近和依赖对方来寻找安全感,而回避型依恋者是通过与对方保持距离来找到安全感。

回避型依恋者寻求安全感的行为有时也被称为"冷处理策

略"（deactivating strategies），顾名思义，就是在自己和对方之间制造距离。这些策略的根本目的是保护自我，使自己免受任何情感上的痛苦。回避型依恋者总是会有某种程度上的孤独感，但对他们而言，持续接触他人也让他们害怕失去自主，害怕被人操纵。

回避型依恋者寻求安全感的行为包括：

★ 总是"没法"回应对方。

★ 优先考虑自己的工作和爱好，而不是与爱人共度美好时光。

★ 故意对未来的计划含糊其词。

★ 发生冲突就回避。

★ 幻想着"单身生活"的好处，对离自己而去的前任念念不忘。

★ 会把亲密关系理想化，却不会处理自己身处的这段关系，总是这山望着那山高。

★ 随着时间的推移，总拿放大镜去看对方的缺点。

★ 感觉如果对方真是命中注定的"那个人"，就一定会真正了解自己。

"在一段安全的关系中，两人的亲密程度肯定是前后一致的、静态不变的"——我们如果有这样的想法可就大错特错。人与人的关系会自然而然地随着时间变化——有时我们会渐行渐远，有时我们可能会发现，自己随着时间的流逝与同一个人曾经建立过四种不同的关系。然而，回避型依恋者会在亲密关系中建立围墙，采取其他各种防御措施，只是为了控制自己日益增长的焦虑,避免可能出现的心碎。

简而言之,他们在不知不觉中创造了一个自证预言[1],当别人因为他们的行为感到沮丧,并因此拒绝他们时,他们就会反过来解释说:这个人果然不可靠!

回避型依恋者极力想要逃避痛苦,采取了一系列寻求安全感的行为,反而导致他们陷入痛苦之中。我们需要了解这个过程是如何发生的,这对于治愈我们失败关系带来的心灵创伤来说至关重要。

治愈回避型依恋:如何入手

想要治愈依恋创伤,就必须得探索自己行为背后的想法并对此坦诚,但这其实很难付诸实践。

回避型依恋者可能不愿意回顾过去的关系留下了什么阴影。但我们需要去面对,需要质疑自己如何讲述亲密关系中的那些故事,这至关重要。因此,即便你不愿意深入研究,还是尽可能去留意自己的行为模式吧。

而且要记得,一定得从小处着手,循序渐进。

例如,在伴侣做出某种反应时,你心中会对此做出怎样的解释?可能是"对方对我期望太高,我必须终结这段关系",也

---

[1] 自证预言是一种在心理学上常见的现象,意指人会不自觉地按已知的预言来行事,最终令预言发生;也指对他人的期望会影响对方的行为,使得对方按照期望行事。

可能是"对方开始对我没兴趣了，所以我要分手"，或者"这段关系不会持久的"。多探索自己内心的叙述方式，能帮助你了解你过去的经历在如何影响着当下的生活。你还可以审视和质疑自己的叙述，看看其中体现了怎样的行为模式。

> **花上五分钟：探索你那些寻求安全感的行为**
>
> 花点时间反思一下自己会如何寻求安全感，问问自己：
> * 在恋爱关系中，我表现出了哪些主要的寻求安全感的行为？在与家人朋友相处时又是怎样的情况？
> * 根据这些行为，能否判断自己是回避型依恋者，还是属于其他依恋类型？

回避型依恋者往往对自己的心事缄口不言。因此，如果你想克服这一点，可以试着与信任的人分享内心感受或是一些自己的个人信息。

有时，建立联系需要一次信念上的"飞跃"。对回避型依恋者来说，让自己敞开心扉可能会引起高度不适。因此，你不需要根据对方的反应来判断分享是否"成功"，你只需要意识到自己正在冒险，以及其中风险对你来说有多大。也许你得不到你所期待的反应，但你已经在有意识地训练自己去体验脆弱感——尽管有些行为模式已经积重难返，但这已经迈出了一大步。

当回避型依恋者的依恋模式被激活，他们通常需要一些空间进行调整，然后才可以充分投入一段关系当中。因此，如果你发现自己属于回避型依恋者，并且意识到这种情况正在发生，不妨试着告诉对方你有什么需求。例如，发生冲突时，你可能会说："我知道这样下去矛盾会升级。我们能不能各自冷静 15 分钟，然后再继续讨论这个问题？"但是，当你远离冲突时，可能又会感到很疲惫，而且不明白为什么自己会有这种感觉。在这种情况下，无论对方是朋友、家人还是伴侣，你都可以怀着求知欲再次去尝试沟通。在你完全确定自己需要什么时，可以放心大胆地寻求支持，因为你的需求也是我们每个人都会有的。

混乱型依恋

"混乱型依恋"有时也被称为"恐惧＋回避型依恋"，是最罕见的依恋类型，只有大约 7% 的人存在这样的困扰。

有时，它也被称为"若即若离型依恋"。这个称呼很合理，因为"混乱型依恋"也被视为焦虑型依恋和回避型依恋的混合体。

这种依恋类型的人渴望人与人之间的亲密和连接，但同时又会感到恐惧。因此，你与混乱型依恋者的关系一旦加深，他们就会止步不前、杳无音信或是迅速逃离，甚至可能三种反应兼而有之。

这种依恋类型的人往往自尊心低下，行为表现十分不稳定，容易产生强烈的情绪风暴，自我意识也常常动摇。

你可能会在上述描述中对号入座，但这并不一定意味着你就是混乱型依恋类型。有一点很重要，我必须在这里强调，人们多半都倾向于认为自己有混乱型依恋。事实上，我们虽然属于某一种主导的依恋类型，但随着具体情况和陪伴者的变化，也可能表现出其他类型的特征。因此，尽管我们可能同时表现出焦虑型依恋和回避型依恋的特征，但这并不一定代表着我们就是混乱型依恋，因为混乱型依恋还涉及早年的心理创伤、主要养育者喜怒无常的对待、严重缺乏的自我意识，下面的内容会进一步解释。

具有混乱型依恋的人，
表现出焦虑型＋回避型的倾向，
自我意识不稳定＋自我意识淡薄。
情绪管理能力较差。
在"渴望爱"和疏离之间来回横跳。
深切渴望亲密关系，却又觉得依赖他人是很困难的。
总是身处风雨飘摇、动荡不定的关系里。

混乱型依恋是如何形成的

出现混乱型依恋，往往是因为童年时期的养育者具有以下特征：

* 没有回应，态度冷漠。
* 没有满足他们所照顾的孩子的需求。
* 让人害怕，或是自己也处于惊恐之中。
* 可能经常有暴躁、忽视或虐待的行为。
* 可能有尚未治愈的心理创伤，心理状态不佳。

面对这样的养育者，孩子们既会害怕他们，又会极度依赖他们的安抚和照顾。在这样的环境中长大的孩子在成年后既需要情感又过度警觉——他们渴望亲密关系，同时又会体验到极端的不信任和恐惧。

混乱型依恋的循环

你是否体验过这种循环？无论你是发起者还是接受者，这个循环都重点展示出了混乱型依恋在亲密关系中的某一种表现方式，这会给所有人带来困惑和伤害。

混乱型依恋循环会有以下表现：

* 昨天还觉得身边的人是最棒的，今天就又觉得自己无法应对这一切，开始封闭内心。
* 和大多数人一样，想要冒险迈出步子进入亲密关系，却

又害怕受伤，甚至留下永远无法治愈的伤口。
* 一旦关系逐渐加深，就会筑起心墙。
* 想在身体上和情感上都保持距离，但真的成功进入疏离状态之后又会感到恐慌；他们担心受到伤害，但保持距离其实并不能确保自己免受伤害。

混乱型依恋循环

我感觉我被这段关系困住了！→"我需要自己的空间！"→活过来了！终于可以呼吸了。

我想知道他们在做什么。

也许是我做错了。→试图恢复联系。

重新联系上了＋感觉真棒啊！

有了新的亲密关系，这谁啊？→这段关系对我来说有点过于亲密了。

第二章 探索依恋：如何建立有意义的亲密关系

> **花上五分钟：探索你面对爱情时的反应**
>
> 问问自己：
> ★ 我爱上一个人时，会发生什么？
> ★ 别人爱上我时，又会发生什么？
>
> 如果你有一段安全的亲密关系，你可能会给出很积极的回答，比如："以上两种情况发生时，我会感到动力十足、内心温暖又满足。"然而，如果你属于混乱型依恋，并且曾经的亲密关系都相当消极，你可能会想："爱情来临时，我一定会失去自我／他们必然会对我过度索求／我注定受到伤害……"

治愈混乱型依恋：如何入手

混乱型依恋类型处理起来挺棘手的。如果你以前没有接受过治疗，那么首先要考虑向心理治疗师或创伤治疗师寻求帮助，如果你出现过解离[①]的情况，即与你的身体、思想、时间或地点脱节，那你就更要这么做。

治疗可以为我们提供所需的疗愈效果和安全基础，好让我们以安全的方式、在专业指导下处理心理创伤和关系创伤。

如果你有混乱型依恋，并且已经在接受心理治疗，那么也请留意：你和治疗师相处时，是否出现了混乱型依恋的反向循

[①] 解离指的是在记忆、自我意识或认知的功能上的崩解。起因通常是极大的压力或极深的创伤。

环？你是否会取消或"忘记"你的治疗约定？你是否一会儿觉得自己依赖治疗，一会儿又不太情愿去呢？也许你对朋友也有类似的行为？你可以总结出你的行为模式，围绕这个问题和你的治疗师谈一谈。

如果你暂时没有接受心理治疗的条件，那就以其他方式去寻求沟通、展开对话。如果你能找到一个支持自己的团体，或是和亲密的朋友谈起这些，那都是不错的选择。

当孩子感到难过、受伤或愤怒时，我们不能在言语上去说服他们不要有这种感觉。这同样适用于对待你内心的小孩（即小时候的你）。所以，不如试着往后退一步，以旁观者的角度客观地看待正在发生的事情，从而进行反思，并给予安慰。你内心那个缺乏安全感的孩子本该快乐又平静，去想想究竟是什么让他变得焦虑又冲动。这种洞察力并不能百分百带来改变，但如果我们做出尝试，其中至少蕴含着改变的可能性。

你在治愈的过程中可能感到不适，但不幸的是，这条路上没有捷径可走，你只能亲身体会。因此，如果你属于混乱型依恋类型，请注意，你很可能会犹豫不决，不敢踏上这段坎坷的内心旅程。

我们必须在所有的成长过程中保持诚实、耐心和自我关怀。但如果我们越早和这一点达成和解，而不是以各种方式去抵抗即将到来的不适，就越能把更多有限的精力投入治疗中。

安全型依恋

如果你成长的环境能满足你的大多数需求,不用费尽心思地争取照顾、博得关注,那么你长大后很可能属于"安全型依恋"。

安全型依恋的人通常会认为人性本善。他们很容易信任他人并建立联系,而且对自我有很深入的认识。

即便你发现自己属于其他依恋类型,但最好也能了解一下安全型依恋是什么情况、感觉如何,这会对你有所帮助。毕竟,如果我们一开始就不知道安全型依恋是什么样子,又怎么能分辨自己的依恋类型是否正处于愈合过程中呢?

现在,我想先打破一项迷思。理想的关系应该是怎样,我们都有自己理解的版本,而且极容易怀有过于浪漫化的幻想。我们也许会去观察其他情侣(可能是那种双方都属于安全型的关系),我们总会认为他们的性生活既丰富又富有技巧,坚信他们的情感生活就如同梦一般美好。在我们的想象中,他们只有在淋浴的喧闹声中想向对方表白爱意时,才会提高嗓门。然后,他们会各自离开家,在办公室度过充满挑战但成就斐然的一天。但理智告诉我们,这可不是事情的全貌……

安全型依恋的人,也不一定就能建立"至善至美的关系"。他们也会和所有其他人一样彼此争吵,也需要独处的时间,也会经历伤害、愤怒和失望。

> 具有安全型依恋的人,
> 能享受亲密情感并对此感到舒适。
> 在信任和坦诚方面,有着绝佳的洞察力。
> 有强烈的自我界限感+尊重他人的界限。
> 有能力为自己的错误承担责任,但不会羞辱自己。
> 能理解他人的情绪。

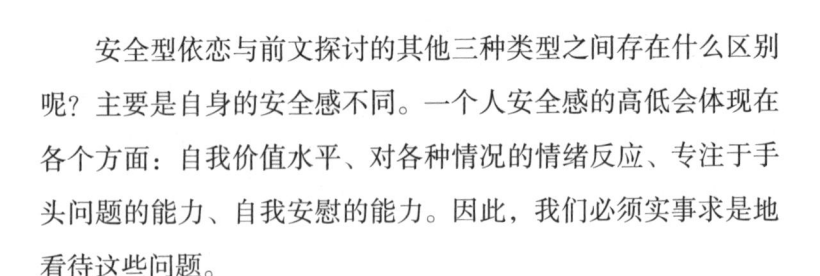

安全型依恋与前文探讨的其他三种类型之间存在什么区别呢?主要是自身的安全感不同。一个人安全感的高低会体现在各个方面:自我价值水平、对各种情况的情绪反应、专注于手头问题的能力、自我安慰的能力。因此,我们必须实事求是地看待这些问题。

安全型依恋的特征

活在当下

一个具有安全型依恋的人,不论是和伴侣还是和其他人相处,都不会过度纠结于那些"万一"。他们能活在当下,不会试图去控制所有结果。

情绪稳定

安全型依恋的人往往会回避那些情感疏远且不稳定的人。他们对自身的价值有正面评价,也相信自己能为对方带来好的影响。他们不觉得那种跌宕起伏的关系有什么吸引力,因为他们不需要通过这些来感觉自己被重视、被爱着。

能够控制冲动情绪

所有关系都会包含嫉妒、愤怒、冲突等因素。但是,安全型依恋者对于冲突和不适感有很强的反思能力,同时也不会疏远对方或建立防御机制。因此,他们的争论往往聚焦于如何处理挫折、如何理解沟通障碍,而不会通过争论来伤害彼此或让自己"站在道德高地"。

不羞于道歉

无论是忘记约会之夜,还是与朋友重复订票,安全型依恋的人通常都能真心实意地道歉,不会翻来覆去地怀疑自己是不是不靠谱,也不会指责他人或把愤怒发泄在他人身上。一个安全型依恋的人会让自己负起责任,而不会花上整晚的时间一头扎进自我贬低的低谷。

在冲突中保持情绪的平衡

如果一个人不是安全型依恋，在冲突中他往往会有最为明显的表现。那些依恋类型都会蒙蔽你的双眼，让你看不见心爱伴侣身上的优良品质。与之相反，安全型依恋的人在体验那种看似矛盾的情绪时，也有为自己保留空间的能力，比如可以在对伴侣产生愤怒的情绪时也依然感觉到彼此的爱。

行为一致

当我们发现某人情绪不稳定时，就很难预料他们在特定时间会有哪些反应。他们的情绪、反应以及对待伴侣的方式会有很大差异，这对伴侣在这段关系中能否保持信任、感到愉快和安全有影响。安全型依恋者的情绪也会有波动（毕竟这是人之常情，我们的依恋类型并不会成为豁免金牌）。然而，安全型依恋者会更可靠、更值得信赖，他们更会用一以贯之的方式来表达爱。这就好比孩子也会从养育者那里寻求安全感，仅仅是口头上说"你是安全的"并不足够。行动比语言更响亮，必须我们自己真正感受到安全感才算数。

花上五分钟：了解你的依恋类型

现在，我们已经探讨了以上几种依恋类型。你认为自己属于依恋谱系中的哪一种呢？如果你还不确定，这里有几道样题，你可以问问自己，引发自己的思考：

★ 我大多数情况下如何应对冲突？

★ 我对亲密关系有什么感觉？

> ★我在与亲近的人分享自己的感受时，是否会感到别扭？
>
> 你也可以添加自己想出来的问题，以便更全面地了解自己的依恋类型，以及自己期望在未来如何发展。

培养安全型依恋

要阅读这些关于依恋的内容，不是件容易的事。虽然你在阅读过程中可以收获大量见解，但也难免关注到那些可能令人不适的真相。但请相信我，最后你会发现这一切都是值得的。

请记住，正如我们之前所说：你的依恋类型不会一成不变地束缚你。即使你认为自己的焦虑型或回避型依恋积重难返，也不一定是你的最终模样。

如果你要想改变自己的依恋类型，就需要投入努力、深刻反思、承担责任，我相信你绝对可以做到。如果你对这本书中读到的内容产生共鸣，那么你已经处在逐渐对你有利的情况中。我们每个人都有潜在的治愈力，所以你要认识到，你现在手中就掌握着治愈自己的可能性。至于究竟该怎么做，就看你自己如何决定了。

治愈某一种依恋类型不是我们靠一己之力就能做到的。就其本质而言，我们需要审视自己在内心如何呈现各种关系，还需要努力与他人建立更真实的联系。

我们最常听到这样一种治愈依恋类型的方式：你可以与一

个安全型依恋的人在一起，并学习对方身上表现出的支持和信任。但是，治愈并不一定要以这种方式发生，甚至不一定来自浪漫的亲密关系。它可以存在于所有的关系中：治疗师给我们的爱和支持；友谊中的真诚和连接感；与父母新的沟通方式。当我们感觉难以控制内心状态时，当我们被过于强烈的感受裹挟时，所有这些关系都可以起到缓和的效果。

想要治愈自己，就得愿意毫无保留地反思自己——运用我们的求知欲和真诚，以及最关键的善意。

这才是真正决定局面的因素。

伴侣也许深爱我们，也许能时常提供陪伴，但他们都会在某些时候无法满足我们的需要。因为他们和我们一样，都只是普通人。我们总会有那么一些时候无法运用同理心，这是生活的现实。一个人是否有安全感，标志就是他/她能否把自己交给关系中的起伏波澜，并相信一切都会回归正轨。我们找到的任何伴侣都会激活我们的依恋类型，但我们可以照看好自己内心那个恐惧的小孩，让自己在内心以一种温情慈爱的父母姿态呈现，并帮助自己渡过难关（详见第七章）。

还有一点很重要：你要记住，我们没有义务去治愈他人的依恋类型，那是我们的能力和责任范围之外的事情。我们不能强拉着别人走上治愈之路，但我们可以保持开放的态度，去理解他们的处境，与他们并肩同行，同时保持我们自身的自尊和界限。

第二章 探索依恋：如何建立有意义的亲密关系

> **心理笔记**
>
> 在接下来的一个月里，请你在每天晚上睡前花上五分钟时间，反思以下问题：
>
> ★ 我今天出现了哪些激活依恋类型和寻求安全感的行为（如果有的话）？
> ★ 当时我感受到了什么情绪，身体上又有什么感觉？
> ★ 我今天什么时候该更清楚地表达自己在关系中的需求？我应该如何表达才更好呢？
> ★ 至于未来的发展方向，我可以采取什么方式在亲密关系中建立联系？那又会是怎样一番情景？
>
> 如此练习一个月之后，你将建造出一个关于处理人际关系的信息宝库，还能在其中找到进一步改善关系的可行步骤。

第三章
自我对话：如何善待自己

你对任何人说的话都不会多于你对自己说的话。因此，请善待自己。

——无名氏

你是否曾为自己做过的事情责备自己？你是否一直对自己说刻薄的话，仅仅只是因为你保持了自己真实的模样？你是否总在自贬，说自己不够聪明、不够风趣、不够苗条、不够优秀、不够成功？你是否喜欢把自己和别人做比较？你是否经常假设别人都不喜欢自己？如果这些都被我说中了，别担心，不只是你一个人会这样！

接下来我们会探讨该如何着手去改变这种状况。我们在脑海中谱写出了哪些关于自己的故事？我们每天是如何与自己对话的？我们容易陷入怎样的思维陷阱？怎样才能改善我们的自我对话模式？只要了解了这些，我们就能拥有更好的自我感觉。

现在，就让我们开始吧！

关于自我的故事

我是谁？我们所有人都会在自己脑海中构思设计一个故事来回答这个问题。这个故事往往经过了精心打磨，而且涵盖多个方面，其中会包括一些基本要素，比如我们的姓名、年龄、背景、职业……还会涉及我们在生活中扮演的各种角色和经营的人际关系，还有我们的喜恶以及对未来的期望，等等。

如果我们能秉持这样的自我故事和自我描述，同时感觉轻快松弛又饶有兴味，就能更好地表达和解释自我。

然而，如果我们过于沉浸在自我故事之中，就会逐渐与之融为一体，仿佛这个故事代表了我们本身。这会很快引发一系列问题，因为我们把自己头脑中的想法和自我的核心混为一谈了。

心理笔记

我们一步步把自我编织进故事的脉络之中，这个故事就会在叙事方式上影响我们的情绪和行为。

不同种类的故事

如果我们脑海中的故事充斥着批判和自贬，那么我们和这个故事的联系就会越发紧密，然后就越倾向于相信故事里的负面因素就在于我们自身——我就是我的故事，所以我就像故事里说的那样无能、丑陋、愚蠢、失败。

我们的行为也会逐步受到影响。例如，我们可能不再有信心去争取真正想要的工作；我们明明有话想说，却又选择憋在心里；我们一旦害怕有些人或有些情境带来伤害，便会退避三舍，等等。

如果我们自我的故事太过积极，也可能会出现问题。

"等一下！"我猜你会说，"我以为我对自己说话的态度应该越友善越好，这不应该是我努力的目标吗？"没错，如果你的自我对话变得积极，你的某些生活领域会因此受益，我也希望你读完本章后可以清楚地看到这些变化。但如果我们抓住一个积极版本的自我故事不肯放手，那就没有给故事留下任何余地来容纳其他内容，这也是隐藏的风险。

比如，我们可能会对自给自足有一种过于强烈的执念。自给自足当然很有帮助，可以让我们变得更加自信，更加独立。但在我们需要帮助或支持的时候，我们该怎么办呢？这样的场合显然不可避免，因为没有人是不需要别人的帮助和支持就能生活的。

如果我们在故事里写下的内容都是"我可以自给自足"，我们可能会拒绝向他人寻求帮助，让自己独立承担一切，结果只会是变得心力交瘁。我们也不会对外寻求支持，转而把一切憋在心里，这很容易陷入闷闷不乐的情绪。"我可以自给自足"逐渐变成"我必须自给自足"，最初那个积极的故事逐渐成了难以承受的负担。

如果我们正在创作的自我故事与当下的生活经历相冲突，问题同样也会出现。打个比方，有个人通常都扮演着朋友们的"治疗师"，并且已经逐步与这个角色的自我故事融为一体，但如果他/她逐渐感觉疲惫不堪，不再有精力去做一个让别人依赖的耐心倾听者，这时会发生什么呢？

这个人在这种情况下可能会想："我是倾听者，所以我不应该有这种感觉。我得更努力地去支持他们才行。"然后，如果他/她仍然想要身体力行地实践这个"治疗师"的角色，就只会愈发疲惫，甚至可能心生怨怼。

从这个例子可以看出，如果我们在脑海中的故事脉络里投入了太多的自我意识，这个关于自我的故事就会在很大程度上影响我们的行为。

然而，只要我们更有意识地关注那些在脑海中深深扎根的自我故事，就一定会受益匪浅，不论故事本身是积极的还是消极的。我们还会有能力识别出，我们究竟是抓住了故事中的哪些部分不肯放手。而这些，可能就是我们过上充实生活的阻碍。我们在具备识别能力之后，也会更有解决问题的能力。

花上五分钟：别把你的故事抓得太紧

花几分钟时间思考一下：此时此刻，你脑海中浮现出的核心自我故事是什么？然后，请你在阅读本章时，或者在今天剩下的时间里，带着轻松且饶有兴趣的态度去看待这个故事。

> 在这个故事中,你是否可以对某些片段放下掌控,不再过分执着?

我们内心的声音

我们大多数人的内心都回荡着一个声音。不管我们是否意识到这一点,这是普遍存在的事实。这个内在声音一直对我们的生活进行实况解说,可以说是长期存在的"自我对话"模式,或是内心独白的固有形式。

我们内心的这个声音通常没有大卫·爱登堡(David Attenborough)[①]的声音那么舒缓,也没有那么抚慰人心。即便如此,我们大多数人也无法摆脱它。

这个声音会在某些时刻给予我们支持和肯定,平息我们的焦虑,并为我们的成功喝彩。但内心的声音也会有喋喋不休的时候,还可能让我们变得更为悲观、自暴自弃,甚至还会自我霸凌。

我们的大脑已经进化到有能力探测风险,内心的声音也经过了这样一个进化过程。正是我们那些有意无意的思想、信念、想法、记忆和经验构成了我们内心的声音,并且持续影响着它(这一点我们留待稍后详述)。

---

① 大卫·爱登堡被认为是有史以来旅行路程最长的人,多年来与BBC的制作团队一起,实地探索过地球上已知的生态环境,不仅是一位杰出的自然博物学家,还是勇敢无畏的探险家和旅行家,被世人誉为"世界自然纪录片之父"。

> **花上五分钟：聆听你内心的声音**
>
> 暂且停下脚步，稍做反思：到此时此刻为止，今天我是如何进行自我对话的？你也许是一个幸运儿，拥有很善良很温柔的内在声音。只可惜，许多人对自己往往没有那么友好，对自己远比对别人更为苛刻，更倾向于给出论断和批评。
>
> 现在请你再思考一下：此时此刻的你是如何自我对话的——也许你正在和自己聊着刚刚读到的那些与自我对话相关的内容？

何谓思维陷阱

我们的大脑每天会产生超过六万个想法，其中很多都是自我怀疑又灰心丧气的想法。

就算某天你没有带着积极的想法度过，也无须对此耿耿于怀，因为消极想法总会自然而然地出现。更何况，消极想法也具备一定的功能（或者至少在过去起过某种作用）。

假设生活在过去的山顶洞人总是习惯性地用乐观的眼光看世界，那他们每天都会有一大堆麻烦接踵而来。比方说，当一只剑齿虎悄悄走近，如果我们的祖先相信它天性善良，那么不仅你我不会存在这世上，这本书也根本不会问世！你看，我们的大脑天生就倾向于多多少少对外界持有怀疑态度——为了在这种威胁迫近时保持警惕！人类之所以能够幸存至今并繁衍生息，也多亏了这种怀疑的态度。

可是，这样的生存机制也会造成阻碍。世界的变化速度实在太快，我们大脑进化的速度已经无法与之并驾齐驱。这意味着，即使现在我们已经不需要面临危险的野生动物等原始威胁，原始的本能却没有改变。

我们的大脑想要保护我们，却又在这个过程中放大了各种情况下可感知的风险。这其实并不必要，也有点讽刺。最后会导致我们被困在思想的牢笼中。而这些思想牢笼在心理学中被称为"思维陷阱"或"认知扭曲"，简而言之，就是思维上那些习以为常的错误。

大多数人会时不时陷入认知扭曲的循环，因而对各类事件产生偏负面的解读——这种对现实的扭曲会引发悲观情绪，在某些情况下甚至会导致抑郁。

好消息是，我们只要能识别认知扭曲，就完全可以采取相应措施。

神经科学家之间曾经流传着这样一种说法："同时被唤起的神经元会彼此联结"[①]。也就是说，某一种思维模式在你的大脑中出现得越多，这种模式就越强大、越根深蒂固。

但有时大脑中事物"被唤起"和"联结"的结果是带来对现实的扭曲。只要我们能够及时觉察，就有能力把事物"重新

[①] 1949年，神经学科学家唐纳德·赫布（Donald Hebb）在《行为的组织》中提出设想：当足以激活细胞B的细胞A的轴突离它很近，重复或持续地激发它时，它们中的一个或两个细胞就发生了某种生长过程或代谢变化；以这种方式，在所有能激活B的细胞中，A的效率被提高了。也就是说，一起放电的神经元会联结在一起。这就是赫布理论。

联结",并建立新的思维模式——比如让消极的自我对话变得更友善,更正面。换言之,我们只要努力改变自我对话的方式,最终可以改变大脑"被唤起"的方式。

这种变化发生在大脑内部,这项能力被称为神经可塑性(neuroplasticity)。如果我们的手被划伤,伤口会有新组织再生,大脑也是如此。大脑具备可塑性,可以重新联结神经元,让我们在压力下更好地适应周围的一切。

然而,我们只有先主动承认思维发生了扭曲,并予以解决,才能把自我和思想的距离逐步拉远,展开更客观的思考,从而积极改变。

理论上来说,以上这些听起来都很合理,但我们又该如何付诸实践呢?让我给你介绍简单的三步法吧。

1. 觉察

你内心是否有什么想法或感觉在制造紧张的气氛?试着找出来。

2. 探索

带着一点好奇之心,问问自己:这个想法或感觉为什么会出现?它具备什么功能?这种反应以前出现过吗?

3. 重组

试着去区分什么是想法,什么是感觉,以及什么才是现实。问问你自己:如果你爱的人有这样的想法或感觉,你会说些什么来给予安慰?你是否能给自己提供同样的同理心呢?

如果以上这些还是让你有些摸不着头脑,请别担心。我们会在接下来继续探讨各类思维陷阱，并为每种都附上相关示例。你可以借助那些案例来理解这三个步骤。

思维陷阱的类型

思维陷阱（或称认知扭曲）的类型多种多样，亚伦·贝克（Aaron Beck）[1]博士曾经对这些类型作出总结，丹尼尔·亚蒙（Daniel Amen）[2]博士则做了进一步推广。你要先去了解这些类型，看看在自己的思维模式中存在哪些"思维陷阱"，然后才能逐步改变、治愈、超越。这些类型包括：

★ 命理预测。

★ 读心术。

★ "应该"句式。

★ 归咎指责。

★ "非黑即白"思维。

★ 情绪推理。

★ 小题大做。

★ 个人化／自责式思想。

---

[1] 亚伦·贝克，知名心理咨询师，提出的认知理论和认知行为疗法是心理咨询中的主要流派之一，对抑郁症、焦虑症、双向情感障碍等多种心理疾病都具有疗愈效果，被心理学界认为是"认知行为疗法之父"。

[2] 丹尼尔·亚蒙，临床科学家、精神病学家、大脑专家，也是世界知名的"亚蒙门诊"的领导者，是美国精神医学学会的杰出研究员，获得了众多写作和研究方面的奖项；在《男性健康》上开辟了名为"头脑做主"（Head Check）的专栏，已出版19部著作。

命理预测

我们都心怀对未来的期望,也会预想这些期望实现或破灭的不同情形,以及自己在相应情况下会有什么感受。但这是一种思维陷阱。这种所谓的"命理预测"其实已经不只是期望,而会向着负面预测发展。也就是说,当我们预感坏事将会发生时,便会把预感当作既定事实来对待。

"命理预测"的思维陷阱可能会让我们内心充斥着这样的声音:

★ "我会诸事不顺。"

★ "我会孤独终老。"

★ "我会当场出丑。"

示例

我刚刚结束一段恋爱关系。

1. 觉察

我很沮丧,并在潜意识里进行了命理预测,感觉自己注定孤独一生。我再也不会遇到心动的人了。世上无真爱,除了我自己,谁都无法依靠。

2. 探索

这些想法符合现实吗?是根据已经发生的事推断出来的吗?还是说,这可能只是认知扭曲?这些想法会不会是在试着掩盖我的什么感受呢?是悲伤,还是孤独?我以前担心过这些事情吗？如果我现在对这些想法坚信不疑，有什么潜在的益处（如果有的话）？

3. 重组

花点时间做做深呼吸吧。我此刻正在经历痛苦，我背负着沉重的情绪包袱，这驱使着我进一步解读眼下的情况。我现在究竟需要什么？我可能需要身边有人来提醒我，而我又能否以某种方式来安抚自己呢？

读心术

有时候，我们会假定即使不问也能知道其他人的想法，哪怕他们根本没有说出口。这就是"读心术"。有时候，"读心术"能帮助我们与他人建立联系，比如，我们能"读懂"从他人那里接收到的面部信号，包括微笑、大笑、目瞪口呆等。然而，如果我们频频使用消极且往往没有太多证据支持的"读心术"时，那就会出现问题。

"读心术"的思维陷阱会产生如下话语：

★ "我在他们眼里是个怪人。"

★ "他们才不在乎我呢。"

★ "我在给他们带来困扰。"

示例

假设一位工作上的朋友忽然变得沉默寡言、态度冷淡,这往往是因为他们在个人生活中遭遇了烦心事,但这是我不知道的。

1. 觉察

我的潜意识开始进行读心术。这让我认为,朋友是因为我的所作所为才会这样,而这个结论又让我心里很难受。

2. 探索

这个假设符合真相吗?是根据已经发生的事推导得出的吗?还是说,这可能是一种扭曲?我有什么证据来支持这个假设呢?我得出的这个结论是我朋友的典型行为吗?我是在担心这种情况带来的什么后果吗?

3. 重组

我得从高维的角度看问题。是否存在其他可能的原因来解释这种情况呢?比如,可能有一些与我无关的原因。这件事也让我了解到,这样的情况是我的一个触发点,而我可以将其分解。现在,我能说些什么来安慰自己吗?我们都会有不顺心的时候,而这一般不是针对某个人出现的情绪。

"应该"句式

对大部分人来说,"应该"这个词是每天挂在嘴边的高频词,而我们自己可能都没有意识到这一点:"我应该熨衣服。""我应该完成那项工作。""她应该去学会开车。"诸如此类。但这种"应该"句式实际上是一种思维陷阱,会引导我们走上判断和批评的危险道路。这又会反作用于我们自身,带来挫败感和烦恼,甚至会让我们对自己和他人感到愤怒。

"应该"句式还有另一个自相矛盾的缺点。实际上,这个句式会让我们丧失动力。仔细想想看,你觉得你现在"应该"做什么?这么说话会让你感到振奋吗,还是会让你感觉兴味索然?整体上来说,我们说出的一个个"应该"既不会带来涌流的创意,也不会激发昂扬的斗志。

示例

我一直拖着不想去处理收件箱里的某些邮件。

1. 觉察

当我坐下来准备悠闲地度过这个夜晚,"应该"的声音在耳畔响起:"我应该停止看电视,回到电脑前。""趁着现在还不太晚,我应该赶紧回复安迪才是。""我既然都坐在电脑前了,就应该继续处理其他邮件。"

2. 探索

我之前为什么不愿回复这些邮件,是出于什么顾虑或恐惧吗?也许,我已经感觉应接不暇、不堪重负?也许,我是在隐隐害怕失败?又或者,我是对成功怀有潜在的恐惧?"应该"这个词给我带来了怎样的感觉,会让我感到轻松自在吗?这个词有没有让我想起某些特定的人或事呢？

3. 重组

当我的大脑想要处理手头任务时，就会产生焦虑感。这些"应该"就是应对焦虑的方式。如果把"我应该"换成"我想要……"听起来感觉怎么样？可能我没有给自己足够的信任，而且这项任务可以被分解成多个步骤，这会更加可行。迈出第一步总是最难的，为了让自己感觉任务没那么重，我可以迈出怎样的一小步来作为开始呢？

归咎指责

让我们面对现实吧：没人喜欢承认自己的错误。我们总会说："这不是我的错。""我被堵在路上了。""如果你没有让我这么生气，我也不会大喊大叫。"诸如此类。遗憾的是，如果我们逃避责任，就会把自己的错误推到他人身上，或是归咎于外部环境。

我和一个好朋友大吵了一架，而她当时在冲动之下说了些伤人的话。我知道这不符合她一贯以来的性格，但我还是感觉很受伤。

1. 觉察

虽然朋友后来为她所说的话道歉了，但我仍然感到受伤。我认为她在许多方面都有错，而且忍不住一直想着这些。我当时也让争吵升级了，比如说话提高了嗓门，但我发现我没法为自己的所作所为道歉。

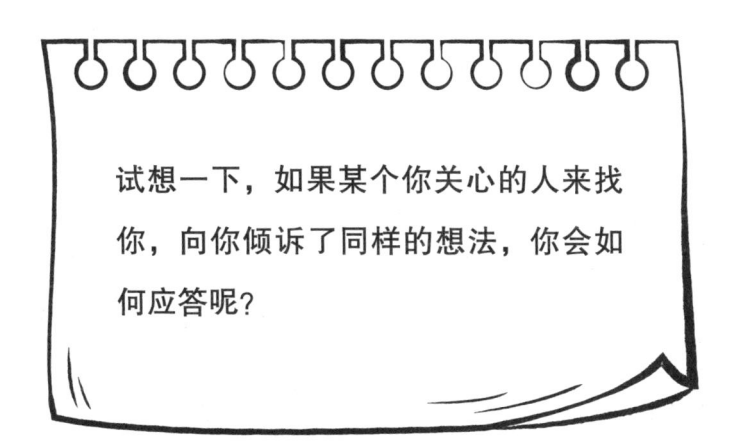

> 试想一下，如果某个你关心的人来找你，向你倾诉了同样的想法，你会如何应答呢？

2. 探索

她都已经道歉了，为什么我还要继续指责她呢？当我指责朋友，这会对我自己起到保护作用吗？我害怕承认自己在争吵中扮演的角色吗？我究竟在害怕什么，这是否与我原生家庭的冲突模式有关呢，还是与我的弱点曾被人利用的经历有关？

3. 重组

就算我承认各种情况下自己扮演的角色，也并不会抵消掉他人的错误行为；我可以在感到受伤的同时也为自己的所作所为承担责任。从今以后，我想如何处理和解决冲突？如果换上新的处理方式，现在这种情况会是什么样子？我们都害怕变得脆弱，这合情合理，但我还是想让这种改变发生。如果我能够尽量少指责别人，会有什么变化？这是否更符合我想成为的样子？我不能控制我的朋友会说出什么话，但我以后可以控制发生争执时自己的反应。

"非黑即白"思维

当我们落入"非黑即白"思维（也被称为极端化思维）的陷阱时，就很容易思考极端或者绝对的情况：凡事要么至善至美，要么一无是处。"我追求完美，任何一点瑕疵都会让我成为失败者。"在这种二元对立的思考方式下，会发展出完美主义。

然而，没有什么事情存在绝对的准则。因此，如果我们用僵化的类别来对自身经验强行进行分类，那只会带来失望、沮丧、羞愧甚至绝望的情绪。如果我们秉持绝对准则，那不论我们多么努力，都不太可能满足自己的期望。生活中的许多事情并不总是黑白分明的。

示例

我拿到了一份工作上的评估报告，发现这次得到的反馈不如以前那么好。

1. 觉察

我感觉跌入了深深的谷底，陷入了"非黑即白"的思维陷阱，感觉自己不是干这个的料。我不够优秀，到目前为止，我都是纯靠运气才能有份工作糊口。

2. 探索

对于以上想法，我有什么证据可以用来支撑或反驳吗？我是否对自己持有什么潜在的看法？我的想法是否源于这些看法，或是起到了强化作用？

我和生活中的不完美有着怎样的关系？当我在成长过程中取得成就时，我的家人们又给出了什么反应？

3. 重组

我得纵观全局，提醒自己多去思考那些重要的事。这份报告确实令人失望，但一纸分数并不能映射出我的价值。这只是一条反馈而已，我为什么要对它赋予如此重大的意义？如果我的朋友遇到这种情况，我会对朋友说什么呢？我可以感到失望，同时也无须贬低自己。

情绪推理

如果我们以自身情绪作为依据，由此推断出事实，就陷入了情绪推理的思维陷阱："我是这么感觉的，所以我对事实的解释（我赋予这种感受的想法）就一定是对的。"事实上，我们的感受也并非无凭无据，但我们对这种感受的解释可能发生了扭曲，由此产生了一系列颠倒的后果。

示例

我感觉我的伴侣对我一点也不上心。哪怕我们正在说话，他/她也一直在玩手机。

1. 觉察

我在潜意识里进行情绪推理，然后感觉自己被伴侣厌弃了。紧接着，我又会因此认为伴侣并不在乎自己，跟我在一起只是为了获得好处。然后，我会对这两点深信不疑。

2. 探索

我是否潜意识中对自己或他人持有某种看法？我目前的想法是在支持这个看法吗？试着去把感受和想法分开：我以前有过这样的感受吗？为什么我会用这种想法来解释这种感受呢？

3. 重组

在我解读自身感受的过程中，我可能揭开了一个值得关注的旧日伤疤。我是否正在和一些过往信念作斗争，希望能有朝一日彻底放手？我的感受是切实存在的，也是我应该承担的责任。因此，我可以用什么方式来提醒自己呢？

小题大做

小题大做也是一种认知扭曲，我们很多人都对此很熟悉。当我们把稀松平常的情况想成异常可怕又骇人听闻的事件时，就会陷入这种思维陷阱。

我们的思维直接描绘出了最坏的情况，进入失去理性的状态。我们会在脑海中夸大外界的威胁，然后就会感到惊惶失措、不堪重负，甚至绝望。

示例

我把手伸进外套口袋去拿手机，却发现手机不翼而飞了。

1. 觉察

我的心开始怦怦直跳，各种想法涌上心头，这个小事件变成了大灾难："哦，天啊！我的手机丢了。我不知道落哪里了，肯定是被人拿走了。我该怎么办啊？现在我可买不起新手机啊！如果现在已经有人在看我手机里的照片可怎么办？如果他们破解了密码，把我的社交媒体都'黑'掉可怎么办？"短短几秒钟，所有这些想法全都涌现出来。然后，我正好看到手机原来就在旁边的椅子上！

2. 探索

让我们回到最初的那个想法："我的手机丢了。"为什么这个场景一下子变得如此可怕？一周后，一个月后，乃至一年后，我又会对这件事有什么感觉？我内心有着怎样的控制欲？这是不是我需要关注的问题呢？

3. 重组

花一点时间深呼吸，放慢思绪。去觉察自己此刻究竟是在恐惧什么，又该如何安抚这份恐惧。我从这次经历中学到了什么？记住，放下控制欲其实就是停止"我能控制一切"这种幻觉。

个人化 / 自责式思维

"个人化"也是最常见的思维陷阱之一。有时候,我们会把事情看得太重(认为那都是"针对自己"的事),或是把那些与己无关或无法控制的情况也揽到自己身上;错以为别人在针对自己或是故意排挤自己。

如果你愿为自己的选择负责,这是自我发展和情商的体现,这一点毋庸置疑。但是,如果有些事情并不是你的错,而你因此自责,那就是十分无益的做法。如果你最后在这种情况下产生了类似受害者的感受,那就更是百害而无一利。

示例

女儿的学校给我寄来了年终报告,我这才发现,她的数学成绩很差。

1. 觉察

我在潜意识里进行了"个人化"的思考,感觉这都是我的错。我应该早点关注女儿的数学成绩,早点找她问问情况。我真是个不称职的家长。

2. 探索

我到底在女儿的成绩单中扮演了什么角色?我怎样才能不被算作罪魁祸首呢?这种情况下,我们是否一定要找个人出来指责呢?我对这件事进行"个人化"是为了什么,是为了保护我自己吗,还是想保护其他人免受伤害呢?这样做真的有用吗?

3. 重组

从这种情况中抽离出来,重新整理思绪。我需要做些什么?孩子成绩不好之类的事情时有发生,这不一定是因为谁犯下了过错,我们也不一定要去指责谁。但是,我还是要去理解这种思维陷阱式的模式,这能帮我以后更好地生活。如果有朋友身处这种情境之中,我会对他们说什么?任何情况都不可能是完美的,我们做父母也不可能尽善尽美。

关于思维陷阱的总结

希望你在读完上述关于思维陷阱的信息后,能更加深入地了解思维陷阱本身,并能通过觉察、探索和重组三个步骤,来处理生活中的这些思维陷阱。希望这会让你感觉更加安逸和平静。这个探索和重组的过程也并非一成不变,你可以随时根据自己的个人需求和经历来调整,然后看看会产生哪些新的见解。

识别我们内心的霸凌者

我们很多人经常以霸凌者的口吻对自己说话,而很少说出表达善意和支持的话语。有时,内心的霸凌者在我们的思维中严阵以待,甚至在我们的头脑中安营扎寨。我们甚至无法看到霸凌者的存在,也许要等到朋友或治疗师提醒,我们才会意识到对自己太过苛刻。内心的霸凌者变得日益强大，甚至会严重影响到我们的健康，这种现象其实并不罕见。

内心的霸凌者会循环播放一些"金曲"（这也是他们最常给出的评价）。他们可能会这样说话：

★ "你看起来真是糟透了。"

★ "这简直是你做过的最蠢的事。"

★ "其他人的生活都井然有序，只有你的是一团糟。"

★ "何苦去尝试？你什么都做不好！"

★ "你根本说不出什么漂亮的句子。"

★ "你这是在自取其辱。"

> **花上五分钟：了解你的播放列表**
>
> 如果你也感觉内心的霸凌者在循环播放着一张"金曲"专辑，那就花点时间回忆一下你听过哪些"金曲"，再思考一下你想如何改变这种情况。

了解我们内心的霸凌者

我们很多人都知道，要温柔地和自己对话是一件难事。如果我们无法和自己友善地对话，或是看不到这么做究竟有何意义，那我们可能会对此感到难为情、沮丧或愤怒。当我们缺乏自我意识时，比起探索霸凌者声音之下隐藏的事实，我们甚至会觉得与之共处会更为舒适——毕竟，我们对霸凌者相当熟悉，对恐惧的探索却让我们感到陌生。

我们的大脑会倾向于让我们远离恐惧，转而靠近让我们感觉确定并熟悉的事物。但是，这也会让我们在不经意间离自我意识越来越远。内心的霸凌者有这样一项功能，就是去分散我们的注意力，让我们不去关注潜意识里可能被激活的恐惧。

在其他时候，霸凌者可能会在我们内心反复重申某些信息，这都来自我们童年时从外部接收的声音——这么多年来，我们已经听过太多刺耳的声音，甚至早已让它们融为自我的一部分。这个声音的原型可能是一名挑剔的养育者，他/她可能曾对年幼的我们抱有不切实际的期望。遭受霸凌或是其他形式的虐待都属于人生早期的创伤，这些也都不可避免地影响着我们的自我对话方式。

> 内心的霸凌者其实也是你的一部分自我，不过是在你的内心会议上霸占着麦克风而已。
>
> 其实，还有其他成员参会。我们是不是该把注意力转向他们呢？

归根结底,内心霸凌者源于一种深深的羞耻感。羞耻不会说"我做错了",而是直接说"我错了"。任何贬低我们灵魂的话,都可能会削弱我们的自我意识。

改善我们的自我对话

在接下来几页中,我们将探讨如何通过六个步骤来改善我们的自我对话,尤其是在内心的霸凌者大放厥词时,我们该如何应对:

1. 检查你的自我对话。
2. 探索自我对话想达到什么目的。
3. 放下对同理心的抵抗。
4. 呼唤内在父母。
5. 练习自我肯定。
6. 反思。

花上五分钟:观察内心的霸凌者

在实施上述六个步骤之前还请注意,你内心的霸凌者并不等于你本人。霸凌者可能是你的一部分自我,但绝不是你的全部。你在无意中听到了它的声音,并发现了它的存在。在它发声时,你有能力直面其存在并予以回击。

当霸凌者出现时,请你试着与之保持一定距离,然后做一

> 名不动声色的倾听者，看看这样会如何改变你和它的关系，以及你后续的感受。

1. 检查你的自我对话

花时间去观察你与自己说话的方式。你使用了什么措辞，你的语气如何？请记住，当你的自我意识不足时，自我对话听起来往往比平时更挑剔、更霸道。那么，你对自己说话的方式会随着环境的变化而变化吗，会随着时间的推移而改变吗？还是说，如果和你在一起的人不同，说话方式也会有所不同呢？你对自己说话的声音是否让你想起了生活中的某个人？说话的内容又会让你想起谁呢，这些话是你的风格吗，还是更像你认识的其他人说出来的？慢慢探索自我对话的内容，想想你该如何重写其中的每个负面想法，使之变得更加包容且更富有同情心。

2. 探索自我对话想达到什么目的

如前所述，我们对自己说话的方式总是事出有因的，内心的霸凌者总有想要达到的目的。有时，我们担心自己被情绪压垮，霸凌者的出现就是为了保护我们免受情绪影响；有时，可能是为了不让我们变得更加脆弱；有时，可能是出于对失败或者成功的恐惧。我们早已对"受害者"的位置非常熟悉，消极的自我对话会让我们一直扮演"受害者"；如果我们是外部环境的受害者，那么幸福与否并非取决于我们自身，因而也不需要以此来评判自己。无论我们如何看待自己，总能找到证据强化自己的观点。我们也需要具备一些韧性和勇气才能承认这一点。

因此，去探索和感受吧。在你看来，为什么内心的霸凌者会以这样的方式与你对话？而你又究竟是出于什么原因允许它这样做呢？如果你需要支持，你当然可以寻求治疗师或其他心理健康专家的帮助。随着你不断发展自我对话的功能，也会找到越来越多治愈自己的机会。

3. 放下对同理心的抵抗

如果能以亲切、宽容和同情的态度对自己说话，这简直堪称一项壮举，可与攀爬珠穆朗玛峰媲美。你听到这个说法时可能会不屑一顾，或是想完全跳过这一部分内容，因为这听起来太"空洞无物"，太"标新立异"。你会觉得这个说法太难以理解，甚至让人不自在。

同理心是最近泛滥成灾的流行词，这也引发了许多人内心的反感。但我们实在不应该因为这个概念已被滥用，就否定这个词本来的价值。

当我们学会以更富有同情心、更体谅、更安慰人心的方式展开自我对话之后，我们很可能会惊讶地发现，原来之前的自我对话全都缺乏这种善意。这样的发现本身就足以让人感到悲伤。但是，每当我们探索出一种新的自我对话方式，都有可能发现其中蕴藏着的新的存在方式。

如果想要治愈自己，我们需要积极主动地行动起来。虽然同情、宽容、耐心、接纳、亲切等词都指代着"温柔"，但哪怕只是拥有其中一项特质都绝非易事。

4. 呼唤内在父母

在我们年龄还小的时候，通常都学到这么一个教训：如果有人欺负你，或是欺负你认识的人，那就要去告诉家长或老师。这个教训对于成年人也同样适用，唯一的区别是，现在霸凌者、父母和老师都存在于你的内心世界。

内心的霸凌者很擅长让我们感到"我还不够好"，所以我们需要有意识地在内心引入父母或老师支持的声音，才能与霸凌者的声音相对抗。

那么，你的内在父母会对霸凌者说什么呢？也许他们会以坚定又自信的语气说话。也许他们也会关心霸凌者的状况，是不是遭遇了什么事情才会以这种方式说话？也许，他们还会有问题想问问霸凌者。他们是否能看穿霸凌者的外表，是否能注意到其刻薄模样之下究竟隐藏着怎样的真实情况呢？

目前为止，你可能还不熟悉内在父母。但是，他们其实早已准备好为你提供帮助、保护你、恢复你的安全感。因此，当你再次听到内心的霸凌者发声时，可以有意识地去关注你的内在父母会有什么感受，我们也会在第七章进一步探讨这个问题。

5. 练习自我肯定

我们看到"肯定"这个词时，脑海中可能浮现这样的画面：我们对着镜子里的自己喃喃说出一些积极的话语，非常尴尬。

其实，我们对自己反复说出的任何积极陈述都是"肯定"的。其实"肯定"也可以很简单，比如"我很快乐"或"我很聪明"。

我们的显性意识善于展开理性的、系统性的思考，能把我们对自己说的话作出整体归纳。但是，我们的潜意识还无法做到这一点。潜意识只会把我们内心的对话奉若真理。也正因此，我们需要有规律、有意识地练习自我肯定，这会给我们的自我意识带来宝贵的影响。请记住，信念与时间相伴而生，所以我们要投入时间，坚持到底，这一点至关重要。

如果你想对"肯定"有进一步了解，请再往后阅读几页。你会看到一份肯定列表供你选择，此外还有一份指南，你会学到如何创建属于自己的肯定列表。

6. 反思

我们要积极地改善自我对话，其中重要的一点就是先审视自我对话的方式，再花时间反思。所以，你今天是如何对自己说话的呢？内心的霸凌者今天活跃吗？你是否忘了去呼唤内在父母的声音？

如果我们每天都能有意识地关注自我对话的方式，持续以同理心来滋养自己，我们就能加快自身的疗愈进程。

我们不可能在这个过程中做到尽善尽美，但我们每天都有新的机会来了解自己。所以，我想告诉你一个诀窍：保持好奇心，继续向前，不断反思。

对怀疑者的肯定

有些人可能会觉得，"肯定"的想法有点"迷信"，我也可以理解。但请注意，神经科学领域的研究和许多实证研究都已反复证明，有意识地练习自我肯定是行之有效的方法。

哪怕是我，也会在开始新一轮的肯定练习时持怀疑态度。因此，不论你是不是怀疑论者，我都希望你怀着开放的心态和想法来阅读以下信息。

如果我们能定期重复"肯定"的话语，那些话就会通过显性意识进入潜在意识。如果使用得当，积极的话语还能给我们的思维模式、行为和自我感觉都带来正面影响。

研究表明，练习自我肯定有助于改善睡眠、激发个人成就、降低防御性、减少压力，还能改变我们对自己的看法。因此，现在许多人在大肆宣传这种练习，我认为也可以理解。这项练习的主要问题在于，这种积极性可能会让人不适。所以我们不要给自己"必须积极"的压力，可以先试着走向中立，再开始练习。

自我肯定的关键要素

每一次自我肯定都包含着四个基本要素，否则，大脑就无法轻松地处理这些陈述。若想确保你的练习收获效果，并帮助大脑减轻工作量，那这四个要素就必不可少。它们分别是：

现在时

自我肯定必须是基于当下的陈述句，而非着眼未来。例如，你应该说"我现在自我感觉很不错"，而不是"我会有很不错的自我感觉"。

因为我们的潜意识无法区分过去、未来和现在，所以我们需要在陈述句中加上具体的细节来加以区分。"我想要变得快乐"或"我会更有活力"之类的句子则带有不确定性和模糊性。想要变得快乐吗，会更有活力吗？那会是什么时候？所以还是先把这个放一放吧，因为这听起来很费劲！

要知道，如果你写下的故事有太多情节漏洞，那么潜意识就会帮你把剧本补充完整！

中立性

每个陈述句都应该都只包含肯定词。如果在自我肯定过程中出现了"不会"或"不能"等词，我们的大脑就不得不加班加点地关注，最后才能汲取到精华部分。

因此，不要说"我不会批评自己"之类的话，你要说"我很好，我正在努力接受自己，活出精彩的自我"。

明确的内容

当你练习自我肯定时，要把那些陈述句都当成明确的真理来表达。请注意，句子里不要包含"如果""可能""应该""可以"或"我会尝试"等词。

因此，不要说"如果我的生活里有好事发生，我不会把这看成单纯的走运"之类的话，而要说"我值得拥有生活中所有的美好"，或是"生活中有好事发生，都是我努力的结果"。

一点有趣的观察

如果某句自我肯定的话会让你感到难为情，那么无论你是否喜欢这句话，它都很可能反映出你当下的真正所需——所以，试着就那样肯定自己吧。有时，我们最抗拒的就是我们最需要的。如前所述，你不需要一开始就对自我肯定坚信不疑，这些陈述也不一定反映你此刻的生活状况。

> **花上五分钟：服用自我肯定的药物**
>
> 我肯定……
> 大声朗读，每天两次。
> 服用30天以上。

管理我们对肯定的期望

自我肯定需要练习，这是合乎情理的。但是，这并不代表你一定得等上很长时间才能看到变化。改变可能在第三周出现，但你也可能在第一天就能注意到改变。这取决于你的练习内容，同时情况也可能因人而异。

直到现在，我们的大脑还是会更偏爱熟悉的感觉，哪怕这些熟悉的思维模式其实一直在蚕食我们的自尊。熟悉感的确是大脑中一条强大的神经通路。所以，如果你要想改变，就得在大脑中绘制出新的路线图。也正因此，你要大声说出肯定的句子并不断重复，这一点非常重要。

在这个肯定的过程中，你其实是在描绘一种新的存在方式，所以一定要坚持不懈，聆听自己的声音。

重组思维和存在方式必定是一项艰巨的任务。但是，这也令人兴奋。希望你能对自己有耐心。只要你坚持练习，就会发现你用来自我肯定的那些句子都在引发内心更深处的共鸣。

花上五分钟：选出每天的肯定语

首先，选出一个你想从此放下的想法，接着再选择一句肯定语。这句话要和你希望达成的目标一致。你可以从以下列表选择，也可以从其他地方寻找灵感。每天都要重复你选出的肯定语。

★ 我现在内心很平静。
★ 我有价值，我很重要。
★ 我现在非常快乐。
★ 我今天感觉很好。
★ 我正走在正确的道路上。
★ 我每天都能在内心感觉到治愈。
★ 我很满足。
★ 我很健康，我正在痊愈。
★ 我所拥有的都是我应得的。
★ 我的生活充满爱。
★ 我本来就什么都不缺。
★ 我正在成长。

> **花上五分钟：写下你自己的肯定语**
>
> 也许，你会更想以迄今为止对自我的探索为基础，制定出属于你自己的肯定语。那么，你可以使用第89—91页上的四个关键要素，看看每天用自己原创的肯定语会带来怎样的感觉。

自我对话急救箱

即使我们的生活看起来很美好，我们也感觉一切都很美好，但也难免有些艰难时刻。在这种时候，我们往往需要从他人安慰的话语中获得慰藉。

然而，我们并不能随时从别人那里得到这样的安慰。所以，下面列出了一些温柔的、支持性的话语，你在任何需要的时候都可以用来提醒自己。

练习自我肯定很重要。

你还需要思考："怎样才能将自我肯定的内容变为现实？"这也很重要。

焦虑时的安慰

* 此时此刻,我正体会着一种我不喜欢的感觉,但没关系,这种感觉来得快去得也快。
* 如果我感觉自己很焦虑,我就会真的陷入焦虑——但那又怎样?焦虑是生活的一部分,并不是生活的全部。
* 我以前也有焦虑的时候,但我都挺过来了。吸气,憋气,再呼气,每个动作都从一数到三。
* 我现在感觉生活无比艰难,但这种感觉并非一成不变。我的感觉会改变,并且会向着更好的方向改变。
* 这种感觉确实让人不适,但好在并不会带来危险。不适感只是身体的数据而已。我现在要把注意力集中在我的呼吸上,看看我深呼吸之后会想到什么。
* 焦虑其实是一种理性的感觉,不过是在试着以非理性的方式与我交流而已。
* 只要我接受自己正在焦虑的事实,就可以增强自己应对焦虑的能力。

艰难时刻的安慰

* 我不用赶时间,我可以慢慢来。
* 我以前也有过这种感觉,所以我知道这次我也能处理好。
* 今天很糟糕,但这并不代表我这个人很糟糕,也不代表

我的生活很糟糕。
* 一天的低迷并不会抵消许多天的愉快回忆。即使我今天很低落，也还是有过让人感觉轻松的时刻。
* 此刻我很难相信自己会感觉好起来，但我也多多少少知道，我还是会好起来的。
* 现在的这种感觉并不是我的全部。我确实很低落，但这只是我整体感觉中的一部分而已。
* 就算今天的事情没有按计划进行，那也没关系。
* 承认自己正在面临挑战，这需要勇气和韧性，而我现在正在这样做呢。

愤怒时刻的安慰

* 愤怒是一种健康的感觉，我能控制的是我该用什么方式来应对愤怒。
* 愤怒本是我可以接受的情绪，在我现在的其他感觉之中，有哪些情绪是我不能接受的？
* 我允许自己有愤怒的感觉，我允许自己全身心地去体验愤怒。
* 如果我还不清楚自己想做什么，可以先花点时间喘口气。
* 愤怒的情绪是我宝贵的盟友，但攻击性的倾向不是。当我感觉自己已经收拾好心情时，就可以用冷静的方式来表达我的愤怒。

- ★ 虽然我此时此刻感觉怒火中烧,但这种情绪很快就会平息。
- ★ 我现在很安全。我现在很安全。我现在很安全。

心理笔记

在接下来的一个月里,请你每天晚上睡觉前都花上五分钟来反思以下问题:

- ★ 明天我想怎么展开自我对话呢?比如说,我可能想用更亲切的方式,给自己更多耐心和鼓励。
- ★ 如果我能改善我的自我对话方式,听起来会是什么样子呢?比如说,我不再为任何出差错的事情责备自己,而可能会说"我真的很喜欢这个项目""犯错也没关系"之类的话。
- ★ 我可以写出新的肯定语来支持这样的自我对话吗?比如说,"我已经足够好""我很有创造力""我被爱着",等等,这些都可以。

如此练习一个月,你便会掌握大量相关知识,更了解应该如何对待自己,以及如何与自己交谈。你还能在这个过程中明白应该如何善待自己,制定出可行步骤。

第四章
识别诱因：如何理解自己的反应

在人生之路上，我们一次又一次遇见自己的无数种伪装面貌。

——卡尔·荣格

你知道标题所说的"诱因"是什么意思吗？诱因就是情感方面的按钮，会把当下的情况与往昔记忆或情景相联系，唤醒我们经历过的痛苦或创伤。诱因可能是被有意识地触发，也可能是无意识的。触发之后，你在情感上和身体上都会感受得到。

虽然人们谈论创伤后应激障碍（PTSD）[①]等严重疾病时也会提到诱因，但诱因是一种更普遍的现象，所以我们在与某些地方、人物或事件产生更轻微的负面联想时，也可能触发诱因。

[①] 创伤后应激障碍（Post Traumatic Stress Disorder, PTSD），为严重的创伤性事件后出现的强烈的不愉快的功能障碍反应，通常具有以下四类症状：侵入性症状（该事件反复并且不可控地侵入人们的想法中）；回避提醒人们这件事的任何线索；对思维和情绪的负面影响；警觉性和反应的变化。

为什么我们需要了解诱因？

如果我们能了解诱因，也就更能了解自我。如果我们要踏上更广义的自我理解之旅，这就是帮我们培养自我意识的重要一步。

如果我们的自我意识变强了，就不会对外界轻易做出过激反应，能管理好自己的情绪，而不是在情绪的支配之下失去自我。与此同时，这也会帮我们了解自己的容忍底线在哪里。然后，我们可以主动避开诱因，从根源上解决情绪的问题。

如果我们能注意并识别诱因，就能变得更为警醒，更加留意自己的心理状态和健康状况，重新思考那些需要关注的情感上的旧伤。

然而，诱因一旦被触发，我们便会感到焦虑不安、惊慌失措、不堪重负、悲痛欲绝。更严重的时候，我们还可能会再次将自己置身于往事场景之中，再一次经历创伤。所以，如果你对诱因产生这类强烈反应，那最好寻求创伤治疗师或医生的帮助。

花上五分钟：找出一个你的诱因

你能否回想起某个让你感觉"诱因被触发"的情景？

你当时是什么感觉？是不是思绪纷飞、心跳加速？是不是脑海中回荡着白噪声，只想赶紧逃离现场？有时候，我们还会进入所谓的自动模式（autopilot）。出现这种情况时，我们可能会脱口而出一些平时不太会说的话。

第四章 识别诱因：如何理解自己的反应

> 所以，你以前出现过这种情况吗？

诱因的类型

诱因既可以产生于我们的身体内部，也可以来自外部。我们有时会产生与过去类似的身体感觉，如心跳加速、胃痛……这些都是体内的诱因。来自外界的各种刺激则是体外诱因，比如别人的喊叫声、特殊的气味、某种特定类型的触摸、财务问题……

每个人的诱因通常大相径庭，而且不一定会和最初经历的事件有密切关联。如果一个人在不同情况下遭遇了相同刺激，负责思维的那部分大脑可以从理性角度来解读这种情况，但负责生存本能的那部分大脑则会将诱因与最初的创伤或情景关联起来。比如说，当发生创伤的日期年复一年地来到，当我们听到巨大的噪声，当我们有经济压力或起了家庭纠纷，这些都会导致大脑回忆并再次唤醒创伤的体验。

有时，诱因是一种内心的感觉，而非具体的某件事。比如，我们的童年可能在某种程度上始终贯穿着紧张感或无力感。当我们的声音被忽视时，可能会感觉自己并没有被认真对待，或是不受喜爱。于是，在我们与伴侣或亲密社交圈内的人发生冲突时，这些情感上的按键就会被触发。

体内诱因	体外诱因
生理上的感觉 高度紧张+焦虑 感到被嘲笑+无人倾听 生活乏味	发生创伤的日期+重要日期 新闻 财务问题 巨大的噪声 目睹冲突+暴力

戈特曼研究所是著名的人际关系研究机构，曾编制出一份清单，列出了24种常见诱因，这些诱因通常会在我们与他人发生冲突时被触发。

阅读以下内容，看看其中是否有哪一项特别能引起你的共鸣：

1. 我感觉自己不被接纳。

2. 我感觉无能为力。

3. 我感觉自己的声音不被听见。

4. 我感觉遭到了责骂。

5. 我感觉自己在被别人评判。

6. 我感觉别人都在指责我。

7. 我感觉自己不受尊重。

8. 我感觉没有人喜欢我。

9. 我感觉没有人关心我。

10. 我感觉很孤独。

11. 我感觉自己被忽视了。

12. 我感觉自己无法对别人坦诚。

13. 我感觉自己像个坏人。

14. 我感觉自己被遗忘了。

15. 我感觉自己缺乏安全感。

16. 我感觉不到爱。

17. 我感觉世事不公。

18. 我感觉很沮丧。

19. 我感觉自己和外界脱节了。

20. 我感觉自己陷入了困境。

21. 我感觉自己缺乏激情。

22. 我感觉无法为自己发声。

23. 我感觉自己被别人操纵了。

24. 我感觉自己被外界所控制。

了解诱因的触发

如果我们能意识到环境、情绪和反应之间存在着强有力的联系,就会更倾向于体谅自己和他人的行为——毕竟,这种情绪的触发其实是一种生存本能的反应。

当然,了解诱因并不意味着我们可以随心所欲。诱因可以作为解释,但不能作为借口。就好像我们在了解依恋类型之后,能更好地理解自己的人际关系;我们如果了解诱因,也就更能理解自己的反应,找出可能激活诱因的各类情形。

在我们了解诱因之前,我们的反应可能只是无意识的条件反射,但在足够了解诱因之后,我们能把自身反应调整为有意识的、深思熟虑的行为,并能在情感按钮被按下时更好地应对。

当我们了解了自己的诱因,并清楚诱因以怎样的方式在影响我们后,我们就可以停止责备自己,并把那些自责的精力转而用来作出改变。

提醒自己:

1. 任何人都有自己的诱因,这是人类的本能。
2. 任何人都可能激发你的诱因,这也是人类的本能。

如何识别诱因

如果以后再感觉自己被某个特定的情况、事件或人触发诱因时,你可以试着深吸一口气,稍微抽离出来看待这件事,避免让自己完全沉溺其中。你还可以尝试后面的五步法,这个过程只需要五到十分钟,你只要选择一个安全舒适的地方就可以练习。

1. 觉察自己的身体

当你感觉自己的诱因被触发时,请关注身体上的感觉,并在心里记下身体的反应。你的肌肉是否变得紧绷?体温如何?你的脸颊发热吗?手掌冰凉吗?你的呼吸是浅是深?你身体上的反应可能很微妙,也可能走极端,不论是什么情况,都请仔细评估。

2. 观察你头脑中的想法

现在，请把注意力转到你的想法上。此时此刻，你的脑海中浮现出怎样的故事？请根据第三章中关于思维陷阱的信息，看看你是否出现了一些认知扭曲。你现在不需要根据这些想法做任何事，也不要急着去改变或是应对，只要去注意脑海中出现了什么想法就好。你也可以试着把这些想法在纸上、日记或手机里记录下来。

3. 戴上你的侦探帽

现在是时候戴上福尔摩斯那样的猎鹿帽[①]，来释放你内心的神探了！有些情境会同时激活你身体和情绪上的反应，请你怀着好奇心开始探索，其中蕴含着各种可能性，不过一开始可能难以察觉。请回顾本章已经提供的信息，这也会帮你展开调查。也许，你的诱因是某个特定的词，某种特别的语气？又或者是某种气味，还是某种重要的感觉？又或者是别人分享的某个观点，或是某个折射出你对自己负面看法的情景？

通常情况下，我们的许多诱因（我们每个人的诱因都只会多不会少）会混合在一起。例如，在某个特定时刻，你走进了嘈杂的人群，穿着不舒服的毛衣，还有一大堆工作等你回家完成，此时社交软件上又弹出两条未回复的信息，而你潜意识还认为自己在人际关系中受到了不公平的对待，这些都是你在这

---

① 猎鹿帽是一种前后有帽檐，并带有护耳的帽子，以其独特的形状而引人注意，因作为名侦探夏洛克·福尔摩斯的标准装扮而出名。

个时刻的各种诱因。我们其实都有许多自己意识不到的诱因，只有在被激活之后才能识别出来。

4. 看清那些未被满足的需求

花点时间，静静思考一番吧，就你的感觉而言，刚刚经历的诱因是否可能与生活中未被满足的需求或愿望有关？你是否缺乏安全感，感觉无可依靠、没人关注自己、没人爱自己？如果是的话，再想想生活中那些与你有关的人，如家人、朋友、伴侣……他们又是如何对待你的这些需求或愿望的？

在我们成年后，生活中有些需求得不到满足是很正常的事。没有人能始终如一地满足我们的每一个需求，这既不可能，也不明智。但在我们的生活中，如果有需求始终得不到满足，或长久以来都被忽视，我们通常就会产生某种情感创伤。这种创伤出现的形式可能多种多样，也可能成为潜在的诱因。

如果我们在已经得到成长之后，再回顾迄今为止的生活，也许便能理解为什么生活中总会有些需求得不到满足。比如，我们的养育者可能已经尽其所能，但当时确实没有足够的时间和精力来照顾我们，因为他们还有一份养家糊口的全职工作。同样的，在过去的关系中，我们都可能感到自己不被尊重，或感觉有人把我们的付出视为理所当然，但我们事后能明白对方当时正在经历一些艰难的时刻。这种情况在友情或爱情中都可能发生。虽然我们现在已经可以理解这些问题，但遗留的情感创伤并没有消除，相关的失望和痛苦经历也无法抹去。

5. 从大处着眼

最后，你可以思考一下有哪些日常因素可能触发诱因。每一天都会有许多事情让我们感到暴躁、敏感或紧张，这是我们需要面对的现实。或许今天明明无事发生，但我们还是有可能睡得不好，或是没吃午饭，或是早些时候逛超市时发现周围拥挤又嘈杂。许多触发因素其实都能让我们能力渐长，逐渐可以应付更多不同的场景。如果你能确定这些影响因素是什么，那就可以每天多花点时间审视自己的感觉和需求，这样你会更有能力照顾好自己的情绪健康。

有时候，你会专注于识别并且解决任何可能触发你情绪的诱因。但你越想要这样做，就越不可能根据浮于表面的情绪"采取行动"。你可能会感觉到诱因的出现，但当你开始反思并重组眼下的情形时，你应该注意的是：相关情绪究竟是如何缓解和消散的。随着你越来越善于发现和处理诱因，那些曾使你晕头转向的情况也将失去威力，之后再也无法控制你。

治愈诱因

每个人都会有自己的一套方法来处理诱因。记住这一点，再看看下面的这些步骤，或许这些都能帮你减轻诱因引发的情绪问题，也能带你踏上治愈之旅。

> 为什么我会有这种感觉？别犯傻了！虽然我现在还不知道答案，但我此刻的感受背后应该有一套合理的解释。

请注意，虽然你可以独立完成这一过程（如果你愿意，也可以借助日记），但有些人可能更愿意在具备相应资质的治疗师的支持下来处理诱因。如果你有过创伤的经历，那就更应如此照做。

首先，我们要有意识地看到诱因的存在，这是治愈的第一步，你可以用到上文中已经列出的步骤。

第二步，找到一个你觉得安全舒适的地方。安全感必不可少，我们如果身处一个感觉不安全的空间里，是不可能得到治愈的。在一个充满不确定的环境里，你很难深入了解自己的内心，这样做甚至可能存在风险。但是，一个平静又安全的地方将为你提供治愈自己所需的支持，不论这个地方在你眼中是什么模样。

现在，带上你的同理心，开始探索吧：当某个诱因突然出现时，你的身体有什么感觉？比如，你可能会感到头晕、反胃或紧张。

第三步，去思考这个诱因究竟有哪些相关想法。例如，你可能会发现自己的脑海里其实有一整套关于自我的理论或"故事"，包括"我好笨""我太感情用事"，等等。我们曾经的亲密关系或童年的早期经历塑造了这些理论或故事。对你而言，这些说法其实弊大于利。以温和的态度去斟酌这些让你感觉"不足"的部分，用你对待所爱之人的善意和同理心来关怀自己，来和自己讨论这些问题吧。随着时间的推移，你会注意到，当你在某个方面开始努力，也会在其他各个方面接收到结果和回报，全方位地提升自我。

如果想要调节诱因引发的情绪问题，我们也需要追踪其背后的来源。因此，你还需要保持好奇，去了解一切究竟从何而来。例如，如果我们注意到，自己因为别人说的话变得心存戒备，这背后的原因可能是什么呢？是不是因为这句话听起来像父母或老师曾对我们说过的，还是说话的语气让我们想起了某个人？在我过去的经历中，我什么时候可能需要这类反应？我们想要追根溯源，并不是为了重温某个具体事件，也不是为了逃避不适的情绪，而是为了达到一个介于两者之间的良性状态：在回忆过去的同时，我们也稳稳地立足于现在。如果我们以这种方式在安全范围内追溯诱因，便能感受情绪而不受伤害，也不会和当下脱节。我们能更好地了解自我，并挖掘出自己做出特定反应的原因。

完成这一步之后，我们就可以通过练习来决定如何应对诱因，脱离之前的下意识反应，因为它往往是在过去的创伤中产生的。

如果我们的心理状态越来越清晰平衡,会更有能力去有意识地应对触发的事件。我们可以培养自我调节的技巧,然后达到这种平衡状态。我会在下一章里探讨这一点。值得注意的是,我们在经历过创伤后,在调节这些感官及身体感受的过程中,有时会感到不知所措或手忙脚乱,仿佛一切都超出了我们的承受范围。在这种情况下,我们需要向具备执业资质的创伤治疗师求助。

请记住:如果想要应对并治愈诱因,我们需要投入时间去练习,还需保持同理心和耐心。所以,请温柔地对待自己。

花上五分钟:向你的诱因发出质疑

你可以在诱因被触发时问问自己:

* 我现在的反应是针对此刻发生的事情,还是针对过去发生的某件事?
* 我现在的反应是针对眼下的情形,还是针对我担心会出现的情况?
* 我现在的反应是针对我听到的话,还是针对我附加于话语上的故事?
* 现在发生的事情是不是跨越了我内心的某条边界(如果有的话)?
* 我现在究竟需要什么?
* 此时此刻,我该如何照顾自己?(比如:休息十分钟,深呼吸,给朋友打电话,写日记,重新设置界线。)

第四章 识别诱因：如何理解自己的反应

了解不同的应激反应

如果我们想更好地理解诱因被触发的整个过程，那就还得了解我们是如何产生应激反应的。

我们的大脑在经历痛苦事件或创伤时，往往会把当时的感官刺激刻入记忆中。在我们潜意识的记忆中，视觉、听觉和嗅觉等感官信息都起着重要作用。大脑储存的感官信息越多，就越容易回忆起相应场景。因此，有时你还没有意识到这些情绪是什么、为什么会产生、从哪里来，感官诱因就已经引发了你的情绪反应。

当我们感觉到受威胁时，身体就会进入高度警戒状态，并优先采用储备的记忆来应对当前情况。对于生存而言，并非必要的功能都会被"关闭"，比如消化记忆。当我们经历创伤性事件，大脑甚至可能会对记忆进行错误归档。所以，关于创伤的记忆并没有被存储为过去的事件，而是被标记为持续的威胁。当诱因提醒我们又想起过去的创伤时，有时我们的身体也会产生和过去一样的反应，就好像旧日伤疤又被揭开一般。

大脑的恐惧中心被称为杏仁核。当大脑检测到有威胁靠近，杏仁核会通过身体和大脑发出警报。因此，我们的大脑会对诱因作出反应，绕过理性思维，直接触发许多基本的生存反应。

这些生存反应可以分为以下几类：

★ 战斗反应。

★ 逃跑反应。

★ 冻结反应。

★ 讨好反应。

应激反应对我们的生存至关重要，因为我们会在其激励之下采取行动，远离升级的威胁；同时，应激反应也在告诉我们身边的人，我们现在压力很大，需要支持。等你读完以下内容后，你就会知道自己最熟悉的应激反应是什么。

战斗反应

当我们觉察到威胁，并且相信自己的能力足以反击，我们就可能会出现战斗反应。大脑迅速向身体送出信号，做好准备要面对肢体上的冲突。

战斗反应的特征包括：

★ 哭喊。

★ 暴怒。

★ 想要伤害别人或自己。

★ 想在言语或身体上攻击危险源。

★ 想踢腿跺脚。

★ 咬牙切齿。

★ 胃灼烧，胃痉挛。

★ 攻击性的眼神，语言和语气都有"战斗"倾向。

逃跑反应

有时候,我们会觉察自己遇到了威胁或身陷危险。有时这是真实情况,有时却只是我们感知到的情况而已。但只要大脑认为逃跑才是摆脱威胁的最有效方式,就会下令让身体随时准备逃之夭夭。

逃跑反应的特征包括:

★ 感到不安,受困,紧张。

★ 坐立不安,一直抖腿。

★ 总是活动手脚,无法安静下来。

★ 过度运动。

★ 瞳孔放大,眼皮跳动。

★ 焦虑加剧。

★ 呼吸短促。

冻结反应

如果我们的大脑和身体都感觉战斗(战斗反应)和逃跑(逃跑反应)不是明智之举,或者说,当现实中根本不存在这两个选项,我们就会进入冻结模式。

冻结反应的特征包括:

★ 身体僵硬、沉重,有些部位无法挪动。

★ 身体发冷,变得麻木。

★屏住呼吸或呼吸短促。

★感到恐惧。

★心率下降。

★面色发白。

和其他反应一样，冻结反应也是一种自我保护。对那些遭受创伤的人来说，冻结反应一直以来都在帮他们熬过虐待，缓解他们的压力，并让他们在当时能感觉更安全。然而，冻结反应也会让他们更倾向于对自己的想法和情绪加以审查。从长远来看，这其实不利于他们的恢复，也会阻碍他们寻求外界的支持，哪怕对关心自己的人，他们也可能闭口不谈。

讨好反应

如果我们的身心系统已经多次尝试过战斗、逃跑和冻结反应，情况却依然不见好转，我们就会陷入另一种鲜为人知的应激反应，即"讨好模式"。对某些人来说，这可能是他们的默认模式。这些人往往承受过持续性的创伤。帕特里克·瓦尔登（Patrick Walden）是研究讨好反应的先驱。他认为，这种反应就是一种取悦他人的形式。

讨好反应的特征包括：

★避免冲突。

★很难拒绝别人。

★舍己为人。

* 自我审查。
* 心怀怨恨，总觉得别人占了自己便宜。
* 社交焦虑，担心融入不了集体。
* 自我价值感较低。
* 不敢表达需求，害怕被视为"负担"。

各种应激反应的目的

我们每个人都有可能体验到上述四种应急反应中，一到两种，甚至全部。每种反应都大有用处，并且会根据我们所处情况的不同而有选择性地出现：

* 战斗反应主要是提供自我保护，并不一定意味着"准备战斗"；战斗反应也可以是自我坚定的表现，说明我们在表达界线，或是严格坚守界线。
* 对那些从未受过创伤的人来说，当他们在冲突之下陷入危险时，通常会出现逃跑反应。
* 如果我们已尝试过战斗或逃跑反应，但发现再多努力都是白辛苦或无用功，那就可能会开启冻结反应。
* 最后，如果我们发现给情绪降温的最有效方式就是提供帮助、进行协商和聆听他人观点，那些未受过创伤的人就会认为讨好模式最有帮助。

然而，遭受过创伤的人却可能会严重依赖某一种主要的反应模式，甚至可能"困在"其中——使其成为默认反应。他们无法根据当前情况选择适用的模式,但在他们所选择的自我保护模式之下,所有不适情绪都能被隐藏起来。

好消息是,如果你能了解自己的默认应激反应是哪一种,以后就都能马上识别出来。从此往后,你还能了解自己需要学习哪些措施和应对技巧。

应激反应和依恋类型一样,没有好坏之分。但是,如果我们受困于某一特定模式,并因此做出错误的判断,或者感知到并不存在的威胁,就可能对自己造成更大的伤害。

> 虽然有时我们的身体反应会太大或太小,或是和当时的情况略有偏差,但你的身体做出任何反应都是为了你好。

克服应激反应

如果你能确定自己最倾向于使用哪种应激反应(或应激模式),接下来就要了解这种方式被触发时,你应该使用什么行之有效的方法,要怎样才能使自己平静下来,怎样才能更好地控制负面情绪。我们的目标并不是回避或隐藏情绪，而是为了不带羞耻、不感沮丧地承认情绪。情绪就只是情绪而已，与道德无关。嫉妒、愤怒或"渴望爱"不会让你成为坏人，这恰恰体现出你是一个有血有肉的人。当我们试图回避情绪或假装无动于衷，当我们因为情绪的存在而嘲笑自己、评判自己，我们反而会因为情绪备受折磨。

所以，如果你能承认自己的情绪，那就已经迈出了一大步。但是，我们接下来该怎么做呢？我们可以开始思考如何安抚自己、调整自己。我会在下一章中阐述这些内容。

了解我们的容纳之窗

我们在日常生活中遇到焦虑和压力时，往往会竭尽全力去处理——直至达到我们的承受极限。毕竟，每个人的能力都有极限。

我们全都体验过这样的时刻——某个到达临界点的时刻——在这时，不论我们是和伴侣、朋友、兄弟姐妹、父母还是其他任何人在一起，我们都会感觉身心无法保持理性、不再受控，只会大喊大叫、暴跳如雷、自我封闭；在这时，我们对内心世界中发生的一切已经失去了掌控，也已经跨过了自身容纳之窗的界限。

容纳之窗是丹·西格尔博士（Dr. Dan Siegel）[1]在1999年提出的术语，能用来描述一个人保持自身效能的最大限度。当我们处于容纳之窗之内，在处理日常生活的需求时，便能毫不费力地倾听、处理、反思、整合，并予以合理化地回应，不论心智还是身体都能良好运转。而且，我们还有能力去处理最近遇到的事情，不至于被打乱步伐。

但是，我们一旦身处容纳之窗的外部，身体就会以各种应激反应来回应外界，战斗、逃跑、冻结或讨好反应都有可能出现。有时候，外界只有一个主要诱因，有时候则是外界诱因积少成多。

战斗和逃跑反应都可以被归类为过度觉醒状态，而冻结和讨好反应则属于觉醒不足状态。

过度觉醒

在过度觉醒的状态下，我们会时刻保持警惕，随时准备做出反应。这种状态往往会对外表露出来，包括哭泣、喊叫、跺脚、握拳、猛击，等等。

过度觉醒的迹象（战斗或逃跑）：

★ 焦虑。

---

[1] 丹·西格尔博士（1957年—），美国著名积极心理学家，哈佛大学医学博士，加州大学洛杉矶分校精神病学临床教授，正念觉察研究中心联席主任，第七感研究所创始人。

* 愤怒或攻击性。
* 情绪爆发。
* 反应激烈。
* 不堪重负。
* 容易冲动。
* 想要获得控制。
* 强迫性的行为或思想。
* 成瘾问题。
* 饮食紊乱。

觉醒不足

如果我们处于觉醒不足的状态下,便会倾向于退缩和自闭。这种状态可能表现为:感觉自己需要躺一整天,想和周围的人断绝联系,等等。觉醒不足可能是某些人的默认反应,但如果我们处于过度觉醒状态的时间过长,也会由此进入觉醒不足的状态,导致大脑和身体的反应能力直线下降。

觉醒不足的迹象(冻结或讨好):

* 记忆模糊。
* 沉默寡言,变得孤僻。
* 解离。
* 抑郁。
* 嗜睡。

★ 感到空虚。

★ 情感淡漠。

★ 进入"自动模式"。

★ 表达扁平化。

★ 迷失方向。

我们的容纳之窗是什么大小的？

显然，当我们处于容纳之窗内，就能以最佳状态应对日常生活中的刺激和诱因，既不会过度觉醒，也不会觉醒不足。

但是，如果我们有过创伤经历，童年时有需求未被满足，那我们的窗口会随之缩小。这会让我们难以适应生活中的起起落落，只能不知所措地面对人生的坎坷。

你是否能想到这么一个人？他/她的行为总是泰然自若，又脚踏实地（这甚至可能让我们觉得很气恼）。这样的人很可能拥有很大的容纳之窗。这其实就意味着，虽然他们也会和其他人一样经历焦虑、愤怒和悲伤，但往往不会感到不知所措或不堪重负。

换而言之，有些事情可能对你来说微不足道，却会把另一个人推到界限边缘。在你看来，眼前的情况似乎没有必要引发他们如此大的反应。但其实这也是情有可原的，因为他们已经到了自身的临界点。

你可以把容纳之窗想象成一个咖啡杯：你倒入的热水越多，

咖啡水位线就越接近杯口；杯子里的咖啡水位线越高，你只要加一点点水就会导致咖啡溢出杯口。

我们与容纳之窗的关系会受到环境的影响，在各个生活阶段都可能发生改变。例如，如果我们感觉自己得到了鼎力支持，通常更能停留在容纳之窗的范围内。在某些时候，我们或许原本有能力应对压力，但如果周围有人情绪低落，我们还是会容易受到他们的影响。如果换个时间，我们可能会觉得分担他人的悲伤也未尝不可，但会一听到别人提高嗓门就开始退缩。只要你一直在自我了解之旅上不断向前，你的容纳之窗也会每天都发生变化，并逐渐成长。

花上五分钟：检查你的容纳之窗

花点时间记录一下你目前焦虑、压力和幸福的程度。

★ 对每种情绪而言，哪些因素会最大限度地让情绪升级？请把这些影响因素列一个清单。

★ 你现在身处容纳之窗的内部吗，在什么位置？

★ 如果你已经接近窗口边缘，会有什么线索提醒你吗？是语言形式的线索，非语言的线索，还是两者都有？

拓宽你的容纳之窗

如果你在任意的特定时刻都能了解自己处于容纳之窗的位

置，那就已经向着自我理解迈出了重要一步。这也能帮你更快进入本书下一部分的疗程：运用技巧来帮助你恢复内心的平静和安全感。这些技巧上的练习也有助于你拓宽自己的容纳之窗。

拓宽窗口并不代表着我们从此就对压力、焦虑和悲伤免疫，这可能会让你感到失望。但是，拓宽窗口至少可以增强我们应对生活的能力。我们会有能力以自己主动选择的方式来处理刺激和诱因，而不会再任由情绪摆布（这很好地打破了"我当初要是这么说了该多好！"的言论）。回想一下咖啡杯的那个例子，拓宽窗口其实就是让杯子的容量变大！

记得要提醒自己：如果在某段时间你没有压抑或脱节的感觉，那这样的美好日子就是一个绝佳时机，你可以练习新的应对机制（详见下一章）。这能为你打好基础，使你日后在应对艰难时刻也会更加得心应手。而且，你已经具备了一定的能力来做练习了，能通过练习获得平静感，并建立和他人的联结感。

并非每一种自我调节练习都适合你，但没关系。你可以挑出自己喜欢的练习，其他的则无须尝试。你的练习越是有规律，你就越能理解自己的反应，应对能力也就越强，你还能更理性地处理那些棘手的情绪，大脑中的积极神经通路也会变得更强。

如果你能学会如何在窗外和窗内切换，这也会大有裨益。你不仅可以培养自我调节能力，还可以获得舒适的身体感受，让你更有信心，相信自己能驾驭人际关系的情感领域，并找到正确的方向。

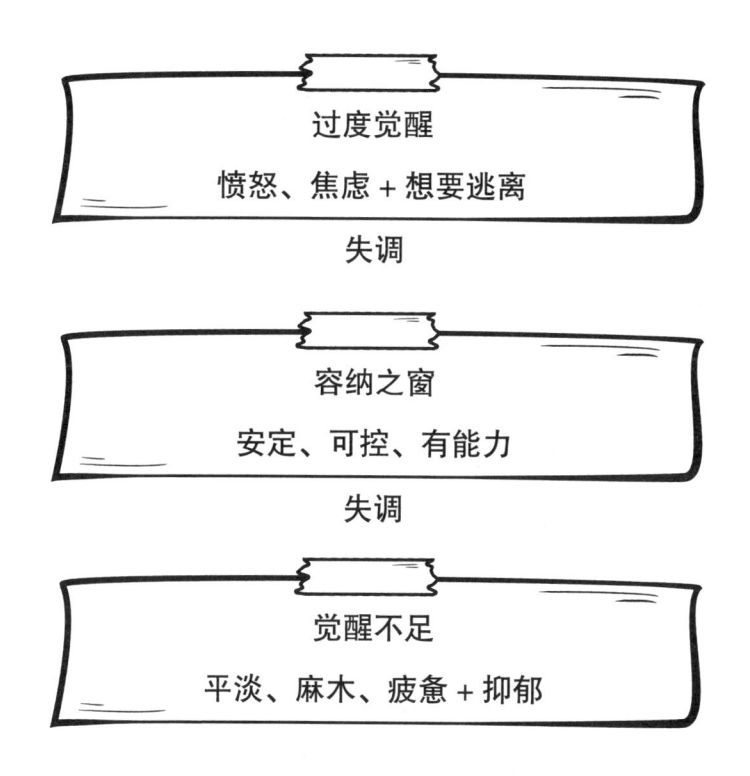

第四章 识别诱因：如何理解自己的反应

过度觉醒

愤怒、焦虑 + 想要逃离

失调

容纳之窗

安定、可控、有能力

失调

觉醒不足

平淡、麻木、疲惫 + 抑郁

心理笔记

在接下来的一个月里，请你每晚睡前都花上五分钟时间，反思以下问题：

* 仔细回顾今天，我处于容纳之窗的什么位置？
  （例：我感到满足，所以我在窗内。我真的很焦虑，所以我处于过度觉醒状态。）

★ 是什么情况导致了这个结果？无论情况是积极还是消极的，都值得我们回顾。（例：酣睡一觉，死气沉沉的一天，与所爱之人发生冲突。）

★ 在上述情况中，我会以什么方式讲述自己的故事？这种叙述方式是否也导致我进入了目前的情绪状态？（例：我叙述故事的方式是，今天发生的一切都说明我的伴侣已经不爱我了，也根本不会做什么特别的事情来维护我们的关系……）

★ 如果今后出现这些情况，我应该怎样提醒自己？我应该做些什么来帮助自己？（例：我可以对自己说，这个故事并不是事实；我也可以提醒自己，过去的今天已成往事，明天会是全新的一天。）

如此练习一个月之后，你会更了解自己对事情的反应，以及背后的原因，从而形成一个庞大的信息库。你还能从中找到灵感，以后就知道该如何改善这种情况了。

第五章
自我调节：如何安抚自己

不是为了拥有更好的感觉，而是为了更好地去感受。

——加博尔·马泰[①]

你认为自己是一个完美主义者吗？在你感到愤怒时，你是否会一时冲动地做出反应，还是保持理智，予以谨慎回应？或者说，你会直接缩进"乌龟壳"里？你在高压时是否会依赖食物、酒精或药物来排解压力？你是否经常有强烈的羞耻感？如果你有过上述感觉，那么本章的信息或许会对你很有帮助。自我调节是一项技能，我也并非天生具备。因此，我需要频繁地应对焦虑，或是和上述问题作斗争。如果你也和我一样，那么你可能会需要更有意识地关注自我调节的技能。

[①] 加博尔·马泰（Gabor Maté）是一位匈牙利裔加拿大退休医生，也是儿童创伤和毒品成瘾方面的专家。2018年5月，马泰被授予加拿大最高平民荣誉勋章"加拿大勋章"（Order of Canada），表彰他强调身体和精神之间的联系，并将他描述为"在预防和治疗成瘾方面积极倡导社会变革的人"，他的"专业精神和同情心帮助恢复了成瘾者的尊严和健康"。

那么，自我调节究竟是什么呢？

确切地说，自我调节就是情绪的自我调节。这是我们拥有的一种能力，意味着我们可以根据自己的意愿来降低我们情绪的激烈程度，使自己回到容纳之窗的范围内（那是我们前一章谈到的内容）。

通常情况下，我们会从父母或养育者身上学到自我调节的方法。这种互动过程被称为共同调节（co-regulation）。孩子从成年人营造的环境中获得情绪上的安全感。如果孩子能得到热情且积极的回应，并且能在自身的行为中体现出自我调节，这种时候就会发生共同调节。

当我们还处于婴儿时期，大部分调节需求都有赖于成年人的照顾。婴儿需要成年人来喂食，也要在成年人的照顾之下才能保持清洁和调控外界刺激。婴儿时的我们对养育者也有情绪上的依赖。我们希望他们能对我们发出的情绪信号保持敏感，并在我们感到烦躁时给予安抚。我们在成长的过程中会一直需要这些共同调节，特别是在我们称为青少年期的那段混乱时期，这种需求会更加强烈。我们在一生中可能经历各种强烈情绪，而我们的共同调节越是有效，就越能以健康的方式去面对。

遗憾的是，并非每个人都能在童年收获最佳的共同调节。而且，成年人与儿童的情况还有所不同。人们往往会认为儿童"仍在学习过程中"，但总是期待着成年人自己就知道该怎么做。

第五章 自我调节：如何安抚自己

因此，即使我们人生初期并没有习得健康的自我调节模式，其他人也通常会期望我们知道该如何调适焦虑、愤怒等情绪。而且，他们还期待我们的调适方法既符合社会的要求，又有利于我们的健康和人际关系。

如何自我调节？何时自我调节？

我有个振奋人心的消息和你分享——如果我们想提升自己处理棘手情绪的能力，任何时候开始都不算晚。在有些人的童年时期，他们也许找不到能作为榜样的成年人，但他们还可以通过大量实践练习来促进自我调节。

现在，请和我一起回想一下上一章关于容纳之窗的内容。一旦我们来到了窗口之外，往往就会陷入过度觉醒或觉醒不足的状态，而针对这两种状态的调节方法也各不相同：

* 在过度觉醒状态下，我们需要向下调节——让自己放松。
* 在觉醒不足状态下，我们需要向上调节——让自己焦虑或兴奋的情绪都保持适度（别怀疑自己的眼睛，这两种情绪确实有"适度"一说）。

你在阅读以下练习时，会看到每一项练习旁边都有一个箭头。如果箭头朝下，意味着这项练习会帮你有效下调兴奋程度；箭头朝上，则意味着这个练习能在你萎靡不振的时候帮你上调情绪；如果是上下箭头都有，则说明这项练习在两种情况下都能奏效。我们需要清楚认识自己的需求，然后在日常生活中选择相关度最高的进行练习。

如果你的自我意识根基牢固，就可能会注意到自己身心内部发出的信号，比如螺旋式思维[1]、第三章讨论过的思维陷阱、呼吸短促、胃痉挛等各种"症状"。我们只要能注意到这些症状，就可以从既往经验中总结出真知，不让自己的感觉变得更糟糕。这对任何一种症状都适用。

然而，如果我们在儿童时期从未得到过良好的示范，不知道共同调节是怎样的，那么我们在成年后尝试的调节方法可能也无法减轻情绪负担，甚至可能起到相反的效果。比如，我们总是保持忙碌、做出超越自己能力的承诺、频繁加班、拖延任务，甚至依赖药物。但是想通过这些方法来缓解情绪、麻痹自己，结果有百害而无一利。这些都是大家耳熟能详的技巧，我们在短期内可能感受不到它们的危害，但随着时间的推移，我们会发现自己比过去要更焦虑、更心烦。因此，我们需要培养健康的调节技能，这对我们的心理健康起着决定性作用。

我们的身体其实很重视自我调节，这是一种本能。我们会本能地排解压力和焦虑，并渴望从中恢复。我们的身体可能会采用以下方法：

★ 哭泣。

---

[1] 指代一系列的消极想法。人们产生第一个消极想法之后，头脑空间里就容易产生更多的消极想法。这种焦虑的螺旋式想法可能会让人们过度思考，并在脑海中描绘出最坏的情况。

- ★ 大笑。
- ★ 傻笑。
- ★ 颤抖。
- ★ 叹息。
- ★ 肠鸣。
- ★ 发热或发冷。
- ★ 出汗。
- ★ 耳鸣。
- ★ 打哈欠。
- ★ 呼吸变得粗重。

如果我们想调节情绪，保持健康，首先就需要掌握自己的情绪状态，还需要了解我们对刺激会产生什么反应。如果能做到这两点，我们就为自我调节打下了基础。我们在更了解自己时，可以反思并选择一条适合自身的路线。但是，我们经常会发现正确的道路走起来往往并不轻松舒适，这也是一大烦恼。

一方面，我们在处于"失调"（dysregulated）状态时，更倾向于牺牲自己的界线，在想要说"不"的时候却答应别人，而且会更容易故态复萌，回到旧日模式和应对机制之中。

另一方面，如果我们能成功调节，就可以和旧日模式形成更有力的对抗，不会再回到往日的状态，有能力坚持自己的看法，坚持自己看到的事物就是真实可信的。

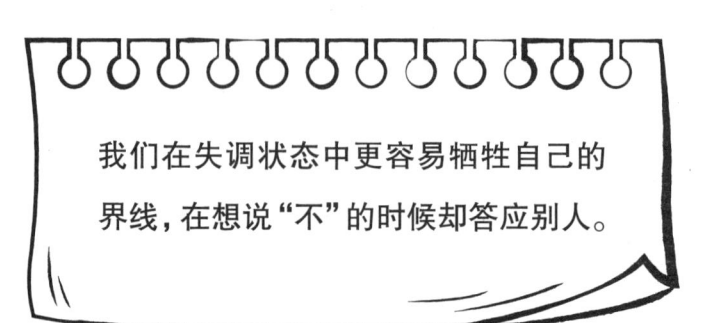

> 我们在失调状态中更容易牺牲自己的界线，在想说"不"的时候却答应别人。

可是，要坚持自己的真实想法并非易事。在大多数时候，我们都需要格外关注这个问题才能做到，在治愈旅程伊始之际更需要注意。还有，如果我们所爱的人和我们持相反态度，那我们就更要关注自己真实的内心才行。

此外，当我们处于被触发的状态，或是正在努力度过生活中的难关时，我们会逐渐逼近容纳之窗的边缘地带——有时甚至会走到窗口之外！这时我们情感上和身体上都会更加需要安抚。

我们必须在自己内心建立一个安全场所，才能好好呵护尚未愈合的伤口。这个场所并不一定舒适。其实，只要我们确信能在那里根据自身需求好好安抚自己，可以只靠自己就满足身体上和情感上的需求，那么这里就是安全的场所。

自我调节练习简介

在接下来的几页，你能找到大量的自我调节练习，其中包括各种各样的基础练习（如呼吸练习、感官技巧等），还有许多富有创造性的仪式,既有用于下调的练习,也有用于上调的练习。你可以根据实际来选择:下调练习可以帮你平心静气、集中精力、脚踏实地;上调练习则可以让你以某种形式动起来,给你带来创造力。

还有一点需要注意。我在上一章末尾曾经提到,一些有创伤史的人会自己想办法关注身体的内在感受,比如呼吸练习、输入感官感受,等等。但是,如果缺乏训练有素的心理健康专家的指导,这种尝试有时会弊大于利。所以,如果你对这个问题有所顾虑,也可以向专业人士寻求帮助。

但是,你继续阅读下去就会发现,还有许多方法供你练习。这些方法都可以帮你平静下来,比如基础的正念引导。哪怕只是纯粹地观察周围环境也是一种正念的练习,还有其他创造性的活动也属于正念的范畴。

我要提醒一下——自我调节并不等于安静地坐着不说话!自我调节也并非只能独自完成。如果能有让你感觉安全的、促进你调节的人陪伴你,那你的痛苦会得到缓解。因此,只要你有需要,请务必寻求他人的帮助。

此外,随着你练习的逐渐进阶,练习内容也会发展、拓展、深化和改变,请允许这些动态情况发生。

基础练习

我们会在接下来的几页读到一系列基础练习,你在日常生活中的任何时候都能用得上。特别是在你感到焦虑不安、不知所措、飘忽不定、生活脱节、愤怒惊慌时，或者陷入痛苦的想法、行为、感觉或记忆时，这些练习都是你可以调动的宝贵资源。

这些基础练习还可以帮你逃离过去经历的"彼时彼刻"，让你进入安全的此时此地。所以，在你陷入思维陷阱，往事闪回，或是从痛苦的梦中醒来时，这些练习也特别有用。

接下来的基础练习需要你睁大眼睛来观察，并且你还要定期检查各种感官上的感受，另有说明的练习除外。

你可以自己选择地点来做练习，只要是你觉得安全舒适的地方就可以。也有人觉得，在安静的空间练习会更有收获，因为可以不受干扰地坐着完成这些练习。

你在选定要做某一项练习之后，想花多长时间都可以。只要你能坚持定期练习，哪怕每次只练习几分钟，也能逐步体验到一些变化。

有些练习可能对别人而言很有用，但对你不起作用，所以你需要仔细阅读下文中列出的各种练习，把那些能引起你注意，或者让你感觉可能对自己有用的练习圈出来，然后再开始尝试，看看效果如何。

哪怕你此刻没有痛苦的感觉，尝试这些练习也会有所帮助，我在前一章也曾这么说。因为如果你在出现需求之前就已经掌握了某种练习，那么在遭遇真正艰难的时刻之后会更容易上手。

希望你在选定某项练习之后都能尽可能地全身心投入。每天的练习效果可能都有所不同，但这很正常，让我们安然接受每天的成效吧。每次练习结束时，你需要把意识拉回安全的当下时刻，拉回到你所在的房间、声音、颜色和周围的环境，暂停下来，做好准备继续过好这一天。

↑↓ 5-4-3-2-1 五感技巧

5-4-3-2-1 五感技巧是一项基础练习，你可以在练习中有意识地使用自己的五感去捕捉自己通常会忽略的环境细节。这能让你以更健康的方式，更用心地建立你和环境的联系。

1. 深吸一口气。
2. 保持觉察，说出你能在周围看到的五种事物。
3. 保持觉察，说出你能在周围摸到的四种事物。
4. 保持觉察，说出你能在环境中听到的三种声音。
5. 保持觉察，说出你能闻到的两种气味。
6. 保持觉察，说出你能尝到的一种味道。

↑↓ 4-4-4 呼吸技巧

4-4-4 呼吸技巧很容易上手，我们都能很快学会。在你感觉担忧和焦虑时，这种方法可以帮你达到身心平静的状态。

1. 首先把双脚放在地板上，挺直背部。

2. 吸气，缓慢计数，一、二、三、四。

3. 屏住呼吸，数出一、二、三、四。

4. 呼气，数出一、二、三、四。

5. 重复前三个步骤，每次练习持续两分钟。

感官运用

当我们专注于自己身体上的感觉，尤其是全神贯注地把关注力逐一转移到各个感官上时，就能被自己的感官带入当下。例如，我们是否经常在看什么东西的同时也拿着或摸着另一件东西，或是在听广播的同时也在咀嚼食物？这在日常生活中很常见。我们大多数人都只把感官上的感受当成生活的背景音，所以接下来的这项练习很有必要，可以借此让感官成为生活的主旋律。

视觉练习

下面三个都是基于视觉的沉浸式练习，如果你需要更专注于此时此地，这三个练习很有帮助。请选择一项你最感兴趣的练习，争取每天做一次。

↑↓ ★ 请让你的视线和目光焦点都变得柔和起来。吸气时，追踪自己的呼吸过程——觉察气息如何从你的鼻子进入,又如何抵达肺部。呼气时,追踪气息离开身体的过程——注意气息何时离开肺部,何时又从鼻子和嘴巴释放。请这样观察自己的呼吸,持续五分钟,认识到你身体的运转机制是多么不可思议。

↓ * 环顾你周围的物品,比如装饰品、图片、编织品和家具。挑选其中一件作为重点,用心地观察,在脑海中详细描述这件物品,关注它的颜色、质地、形状、图案等。你对所看的物品和所处的空间有怎样的感觉?这样的观察是否会改变你的感觉呢?

↓ * 你可以坐着也可以站着,只要能看到自己的脚就可以了。先把注意力放到你的脚后跟,然后慢慢将注意力移到脚底,再到脚尖,最后移到脚趾,请密切关注每个部位,以及自己产生的任何感觉。

听觉练习

我在下面列出了两个声音上的锚点,它们能让我们专注于此时此地。从中选择一个你最感兴趣的,争取每天练习一次。

↑↓ * 播放一首你喜欢的歌曲,坐着或站着都可以,只需要在音乐环绕自己时用心倾听就好。但是,如果你在听音乐的同时还做其他事情,比如想看看窗外、刷刷手机,那你要慢慢将注意力拉回到声音上才行。侧耳聆听音乐时,你能注意到体内有什么变化吗?请用这一首歌的时间来体验纯粹的"存在"吧。

↓ ★ 试着做一次自发性知觉经络反应（autonomous sensory meridian response，ASMR）[1]。如果你对这个术语闻所未闻，那也无须担心，很多人都没听说过。有时，你会感觉头皮、颈部、背部和手臂上都有一种麻刺感，那就是 ASMR，或者也可以描述为"大脑按摩"。如果你在听觉和视觉上被触发，就会做出这些反应，比如喃喃自语、抓挠皮肤和轻拍手掌。

研究发现，全世界约有 20% 的人都经历过强烈的 ASMR。所以你也可以上网做做功课，如果某种类型的 ASMR 不适合你，也可以尽管去尝试其他类型。虽然现在人们对 ASMR 的科学研究起步不久，但迄今为止的研究结果都表明，ASMR 对放松身心、缓解压力、治疗失眠都有显著作用。

嗅觉练习

下面是两个基于嗅觉的沉浸式练习，也帮助你更专注于当下。请选择一个你最感兴趣的，争取每天练习一次：

↓ ★ 挑选一支你喜欢的香薰蜡烛，可以是闻起来像苔藓、草皮之类的泥土气味，也可以是干净衣物的气味，或糖

---

[1] 自发性知觉经络反应，指人体通过视、听、触、嗅等感知上的刺激，在颅内、头皮、背部或身体其他部位产生的令人愉悦的独特刺激感。其具体定义于 2010 年被提出，说明自发性知觉经络反应具有以下特点：自发性；与感觉有关；达到顶点或高潮，与性无关；由外部或内部事物所触发。

霜饼干的气味,只要是你喜欢的就行。然后,请你找个安静的地方坐下来,点燃蜡烛,看着蜡烛一点点开始熔化,把注意力放在嗅觉上——你是何时闻到气味的?气味的浓度一直不变吗?还是时浓时淡?你会如何描述这种气味呢?

↓ ★拿起一本你心爱的书,将鼻子凑到打开的书页前,深深吸气,去感受书页的气味。这本书闻起来像什么?当你这样做时,你感觉到自己体内有什么变化吗?你手头有什么书都可以用,不论是旧书还是新书都行,这个练习都会有很好的效果。

味觉练习

↑↓ 下面这个深度练习是基于味觉的。在你想要专注于当下的时候,这个练习能帮你做到。独处时间 + 巧克力 = 我能开始练习的基础设定。接下来就这样做吧:

1. 准备一些巧克力,找一个安静舒适的地方(记得离那些动作飞快又爱吃巧克力的亲戚远远的)。
2. 拿一小块巧克力在手里。
3. 做一会儿深呼吸,体会此时此刻的感觉。
4. 把注意力集中在手中的巧克力上,观察其形状和颜色。还有,这块巧克力让你产生了什么反应?
5. 把巧克力放到鼻子前。你最先闻到的是什么气味?这种气味比你预期的更强烈吗？还是只有淡淡的气味？

6. 你有没有一种冲动，想要狼吞虎咽地吃掉这块巧克力？如果有的话，请慢慢地将你的注意力拉回来，只注意手中的这块巧克力本身。要知道，你随时可以享用它，但那是之后的事。现在你要做的，就是把注意力集中在这块巧克力上，先完成基础练习。

7. 现在，把这块巧克力放进嘴里，仔细品味它的味道和口感。请把巧克力含在嘴里，越久越好，感受巧克力融化的过程，并探索在这期间巧克力的口感和味道有何变化。

8. 吃完巧克力后，请把你的注意力拉回到你的味觉上。现在，你的味蕾上还留有多少余味？

9. 最后，将你的注意力重新集中到你的呼吸和身体上。完成这一步，你就可以休息了。请体会一下，你现在感觉如何？和练习刚开始时有什么不同吗？

触觉练习

接下来，我会告诉你几个基于触摸的练习，也能在你需要的时候帮你更加专注于当下。请选择你最感兴趣的一项，争取每天练习一次：

↑ ★ 触摸身边的一个物品。你能拿起它吗？如果可以，请拿起来，并留意它的重量。它重不重？它的温度如何？

摸上去暖和吗？还是冷冰冰的？它的温度是否会变化？再注意一下它的质地。如果让你来形容这种质地，你能给出多具体的描述？在全面观察并探索这个物品之后，你可以把它放回原来的地方，并观察自己在这个过程中产生过怎样的情绪或感觉。

↑ ★ 从冰箱里拿出一小块冰，握在手中。刚握住的时候，你有什么感觉？除了冰冷的触觉，还有其他感觉吗？你握了多久之后冰块开始融化？当冰块开始融化时，你握着它的感觉是否也有变化呢？你手掌的每个部位是否都有一样的感觉？你可以依次关注自己的指尖、手背和手掌上的温度和感觉。冰会带来寒冷的触感，这会刺激我们集中注意力。所以，手握冰块可以快速有效地帮我们把意识带回当下。

↑ ★ 试着把双手放进一盆冷水里，留意自己的感觉。如果你觉得这样做很舒服，那么你可以把手来回放在冷水和温水中，去观察这两种做法带来的不同感觉。

↑敲击练习

如果我们处于觉醒不足的状态，我们可能需要借助某种基础技巧来"唤醒"自己——让我们的意识变得更清晰，身体变得更有活力。"敲击"技巧，即情绪释放技术（emotional freedom technique，EFT）。这种方法简单有效，你可以随时用来唤醒自己。

我们刚刚谈到，要让我们全身都流动着清晰的意识。下面是一套敲击练习的流程，就是为了让我们实现这个目标而设计的。

首先，用右手手掌和手指轻敲左手手背，动作既要坚定也要温柔，频率大约是每秒两次。请注意，这只是在向你大致描述敲击节奏，只要差不多频率就可以，不需要特别精确。

掌握了节奏感后，请逐一轻敲身体的各个主要部位，每个部位敲击时间约为30秒。先轻敲左手30秒，然后一路向上敲到小臂，从手腕敲到手肘；然后再向上敲击到大臂，从手肘敲击到肩膀。

接下来，再轻轻敲击左肩和左胸。沿着身体左侧向下敲击时，请用左手轻敲背部，同时也用右手轻敲胸前。

按顺序敲击身体左侧的其他部位：腰部、上臀、下臀、大腿、小腿、足部。

敲击完身体左侧后，请站直，观察你此刻的感觉。你身体左侧的感觉和右侧是否有所不同？如果有，具体是哪方面感觉不同呢？身体左侧和右侧分别有什么感觉？你会用什么词来描述左侧和右侧的感觉呢？

停下来，静静去体会身体的感觉。然后，请你再用左手开始依次敲击身体右侧的部位，完成同样一套流程。

在你敲击完身体右侧后，请再次站直，去体会身体的感觉。

> **花上五分钟：思考一下，对你来说"平静"意味着什么**
>
> 你可以问问你自己：
> * 在我看来，"平静"是什么状态？
> * 对我来说，"平静"是什么感觉？
> * 当我想到"平静"这个词语时，我的脑海中会浮现出什么颜色和形象？会想到怎样的味道和感觉？
>
> 请花些时间把答案记录在日记里或手机上，写在其他地方也可以，只要你觉得方便就好。

正念练习

在前文列举的所有基础练习中，都融入了正念练习，这并非巧合。当我们揭开生活的幕布，便需要提高对周围一切事物的意识。而这正是正念的核心目的之一。

有些人可能很抵触"正念"这个词，这也没关系。因为近年来"正念"练习受到广泛关注，所以这个术语得到了铺天盖地的宣传，被滥用了。

如果你仍对正念持怀疑态度，也不用担心！我在接受心理治疗培训时也是持这样的态度。当时，我向传授技能的老师坦白了这一点，她却回答说："很好！我挺喜欢这种情况，因为你迟早会发现正念对你帮助有多大！"我礼貌地点点头，其实内心并未信服。但不出所料（这算是我的"马后炮"），她的预测居然完全准确。我一开始认为"正念"有点"空洞"，有点"迷信",还有点"另类",可我后来发现这实在是个宝藏,所以现在每天都在坚持练习。

正念不是:

* 什么都不想,试图让大脑一片空白。
* 为了甩掉那些不想要的经历。
* 始终保持专注,绝不分心。
* 只关注积极的方面,忽视不适的感觉。
* 只能通过冥想和改变生活方式来完成。

正念是:

* 觉察到自己当下的情绪、感觉和想法。
* 体验当下,但不费力去改变当下。
* 当(不是如果!)无法集中注意力时,慢慢地、有意识地重新拉回专注力。
* 提升我们与不适情绪"共存"的能力。
* 学会接受事物的本来面目,哪怕那不符合我们的期待。

打个比方,我写到这里时,正在室外坐着。现在是一个阳光明媚的周三清晨,碧空如洗,微风拂面,鸟群在塔楼周围盘旋。我在都柏林的市中心又迎来了一个安静的日子。我可以感觉到,这一刻弥补了我的昨日,也滋养着我的明天。

这就是正念——专注当下,觉察自己此刻正在体验的一切,包括感官、身体和呼吸的体验。

你想怎样练习正念都可以,方式不分对错。你也不需要在练习的时候始终保持心无旁骛,只需要在注意到自己在走神时慢慢把意识带回当下。(请注意,我说的是"在走神时",而不是"如果走神",因为对我们所有人来说,走神都是必然会发生的。)

> **花上五分钟:以正念的态度去体会这本书**
>
> 现在,你已经了解了正念这个概念,那么你能把这本书作为正念练习的对象吗?你只需要把书放在腿上,接着读下去,在一呼一吸中体验当下。但请记住,只有在你感觉安全时才可以做这个练习。这会让你产生怎样的感觉呢?

↓ 让声音响起

1. 找一个舒适的地方,轻轻地闭上眼睛。或者你也可以凝视下方,让眼睛失焦,只要你感觉舒服就可以。

2. 倾听周围的声音,让声音全都融入你的意识之中。如果你坐在室内,请你留意屋里的声音,也许会有钟的嘀嗒声、门的嘎吱声,以及另一个房间里的脚步声。你也要注意室外的声音,比如车辆声、鸟鸣声、人们的说话声、风声,以及雨点敲窗的声音,千万不要一直想着某一种声音。你需要做到声声入耳,然后让声音从意识中溜走。此时此刻,你只要做声音的观察者就好。

3. 你可能会注意到,自己已经开始走神了,或者还有某些声音和相关的故事占据了你的脑海。这时,请你慢慢地回神,不要对声音加以评判——你只需要留心去听,然后任由声音散去,留在那里听多久都可以。

↑↓ 给自己的请柬

现在我们总有许多任务要完成,有许多角色要扮演,而且各不相同。所以,如果我们能全神贯注地去完成某一项任务,那就已经是幸事一件。有个练习我很喜欢和我的来访者们一起做,那就是"给自己的请柬":

1. 首先,找一个安静的地方。你可以只是在那里坐着,也可以戴上耳机,播放冥想音乐,或是你最喜欢的轻音乐。如果你感觉舒适,可以试着闭上眼睛,也可以放松双眼,垂下目光。

2. 自然而然地呼吸,留意自己的气息到达了身体的哪个部位。

3. 深吸一口气,留意腹部膨胀和胸部随之起伏的感觉。

4. 坐着观察自己呼吸的过程,一呼一吸,一呼一吸,如此持续一分钟后,你会在想什么呢?

5. 现在,请向不同部分的自我发出温柔的邀请,请他们放下自己手头同时处理的多个任务,请他们一起来进入当下。比方说,我们的大脑可能被分成了好几个部分,一部分正忙于工作,一部分在考虑通勤事宜,还有一部分在未雨绸缪地思索之后要做什么,包括今晚吃什么,这周末要和孩子们一起做什么,或者今晚电视会播什么节目。

6. 认识内在每个部分的自己，有礼貌地邀请它们来到此时此刻，但也要知道，它们可能很快就回到各自的来处。你的自我中，有没有哪些是乐意前来的呢？有些部分的自我是否不愿意放下身上的担子，连片刻也不肯？请注意，你不需要对你的部分作任何评判或批评，你只需要邀请和留意它们。

7. 在这个状态中停留一会儿，等你做好了准备并完成这部分练习之后，再慢慢地睁开眼睛。

↓ 饮茶的仪式

我经常把"我没有时间""我太忙了"这样的句子挂在嘴边，总觉得自己每天都被塞得满满当当，没法放慢脚步，也没有任何自己的时间。各种各样的事项占满了我每一天的日程，哦对，还总会冒出下一件事，简直可怕。但是，我其实很想晚上能闲来无事刷几个小时手机，也想疯狂追更最新上线的英国电视剧。

可是，我没法给自己腾出那样放松的时间，反而只会让自己的失调变得越发严重，心头的压力也越发沉甸甸的，我还会更容易因为琐碎小事就对别人大发雷霆。

一天晚上，我正在叫苦连天，抱怨着自己眼下事情太多。这时，一位亲近的伙伴直言不讳地对我说："你每天早上都要泡四杯茶，你怎么可能没有时间呢？"

她其实是在和我开玩笑，但这番话在我听来简直是振聋发聩——我确实有时间，只是没有合理利用时间罢了。

我迷失在我"应该"做的事项之中，却忘了去关注我究竟需要什么。

从那之后，我开始有意识地让自己更加活在当下，并逐步放慢生活的脚步，变得更加悠然自得。我采用了一个简单的方法：把沏茶变成了一种仪式。

我们沏茶时通常都处于"自动模式"。试想一下，你还记得自己上次烧开水是什么时候吗？你还能想起关于那个时刻的其他事吗？对我而言，每天的记忆都只剩下忙忙碌碌的早晨、看不到头的待办事项、配茶的点心。你会不会也和我一样呢？

沏茶和饮茶本来只是乏味的日常活动而已。但是，只要你以正念的态度去沏茶、饮茶，这件事的性质就会完全改变——变成我们大家都可以做的简单冥想练习。如果你不喜欢茶，你也可以选择其他饮品。咖啡、草药茶、热可可等类似饮品都能起到同样的作用。

那么，该如何从这个简单的行为中创造出一个基础仪式呢？让我来告诉你吧：

1. 先烧上一壶水，你只用在旁边看着就行。如果你注意到脑海中闪现了其他想法或杂念，请慢慢地重新把注意力集中到正在加热的水壶上。此时此刻，你不需要做其他任何事，也不需要去其他任何地方。

2. 拿起你最喜欢的杯子，在里面放入茶包。

3. 水烧开后，把水倒进杯子，漫过茶包。在杯子逐渐倒满水的过程中,请仔细倾听水落在茶包上的声音。

4. 观察茶包逐渐膨胀变大的过程。

5. 注意杯子里的水的颜色——有什么变化吗?你能说出那是什么颜色吗?

6. 注意杯子上方升腾起的蒸汽——那是什么形状的?

7. 找一个安静舒适的地方,端着茶杯坐下来。

8. 用鼻子深吸一口气,然后用嘴呼气。请你想象,你吸入的这口空气能一直下沉到你的脚趾那里,并且在呼出的时候会带走你身体里的所有压力和紧张感。

9. 通过你的指尖去感受这个杯子。你能注意到什么吗?杯壁是光滑的还是粗糙的?

10. 把杯子端到鼻子下面。你能闻到什么气味吗?你不需要像一位资深饮茶人或者茶艺师那样专业,就算你分辨不出茉莉和烟草的气味有什么微妙差异也没关系。你只需要去觉察你能注意到的感觉,比方说,这杯茶闻起来香吗?带着一点泥土的味道吗?还是说,带着一股花香呢?

11. 喝下第一口茶。当你的嘴唇和杯子触碰,你有什么感觉?喝下的茶又给你带来怎样的感觉呢?然后,请小口喝茶,每喝一口都感受一下茶水在体内流动时带来的温暖,从口腔到喉咙,再到胃部。

12. 休息时间到!现在,你可以慢慢享用每一口茶,仔细品味这一刻的五感。

↓ 裹紧自己

这是一种自我安慰的方法，简单且有效。我有许多来访者都很喜欢这样做。你等会儿就会明白为什么这个方法如此受欢迎！如果你愿意的话，可以先在手机上设置一个 15 分钟的闹钟（记得要选一个柔和的铃声），然后在接下来这段时间开始练习吧。

1. 找一个安静舒适的地方，可躺可坐，找一块羽绒被或毛毯把自己裹起来。

2. 裹着被子休息时，把注意力集中在当下，专心体会包裹着你的这个"茧"有多舒适。

3. 当你走神或冒出杂念时，不要抗拒。你只需要慢慢地引导意识回到当下就好，继续仔细体会被羽绒被或毛毯包裹着的感觉，你停留在安全港湾之中，被保护得很好。

↓ 感恩

现在有许多研究结果表明，如果我们时常感恩，并将感恩的态度融入日常生活的方方面面，这能减轻压力，还能改善健康，我们的生活也会因此而变得更加积极。但如果我们每天都在喧嚣和忙碌中度过，就很难看到生活的积极面。

找一个安静舒适的地方，你可以坐在那里反思，并把所思所想写在你的日记或笔记本上。

静静坐上一会儿,把今天感恩的所有事都记录下来,可以是今天的好天气、好不容易的假期、你健康的状态和某些人的友谊……你的记录可以很笼统,也可以很具体,这都完全可以随你心意。

试着写下至少一段特别属于你的回忆。这可能是今早让你感到喜悦的第一口咖啡,你感觉它美味得沁人肺腑,也可能是今晚回家路上穿过手指的那一阵微风。现在请你花点时间仔细回忆这些细节,并全部记下来吧。

现在,请读一遍你写下的内容,并在内心感谢这些经历。正是这一个个瞬间组成了你今天的生活。这时你可以把手掌放在胸口,这可能会让你感觉更好。

完成上一步后,你就该重新把注意力放回当下啦。走到现在这一步,你对感恩的练习感觉如何?你能注意到体内发生了什么变化吗?你可以做个深呼吸,让自己纯粹地存在于此时此刻,只是心怀感激地坐在那里,其他什么都不用做。

富有创造力的仪式

在你想要自我安慰和自我调节的时候,你可以拿出一支钢笔、铅笔或画笔,在纸上开始创作。这也是个好方法,可以帮你把想法或情绪都发泄出来。

你不是毕加索,不可能画出那样天马行空的图案;你也不是莎士比亚,不可能那样妙笔生花。所以,你完全不用担心!

无论我们的艺术能力怎样，这种富有创造力的练习都会是美妙的发泄！我们可以让笔墨肆意流动，也可以把画笔任意挥洒，不受任何规则限制。所以，你无须想太多，甚至是想得越少越好。你只需要参与后面的创作练习，只要心理上做好了准备，就能获取练习所传递出的信息。

↑穿越到未来

拿出纸笔，想象出自己两年后的语气，给现在的自己写一封信。请在信里描述你两年后的生活是怎样的，描述得越详细越好！你可以写写身边的人、自己做过的事，你可以描绘往日梦想如何实现，也可以写出如果你活出真实的自己后会过上怎样的生活。你会如何度过一天？那会是什么感觉？未来的你会为现在的自己提供怎样充满同理心的指导？这些你都可以写下来。

↑来自天空的灵感

有时候，为了补充能量或是让自己恢复平衡，我们需要适度地逃避现实，给自己空间，让幻想飞驰。当我们做白日梦或是讲故事时，绝不是在开小差，这样的行为本身就有其价值。这都是人类必不可少的活动，可以给我们注入活力，让我们更投入地去生活,还能让我们更加注重实际。

别再看着电视昏昏欲睡啦!我在这里为你提供了一些创意写作的提示,全都以天空为灵感基础。你可以拿起纸笔或者笔记本电脑,试着去创作,看看会激发出怎样的灵感。记住,千万不要想太多,随性创作就好,就当是给自己一个惊喜!

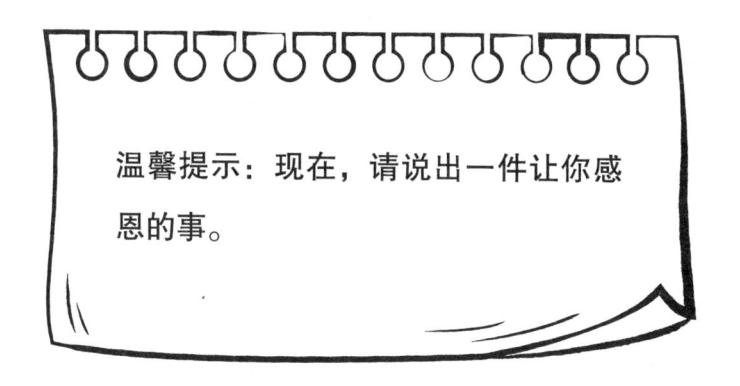

> 温馨提示:现在,请说出一件让你感恩的事。

* 夜空是如此富有生机……
* 夏日斜阳在视野中逐渐隐去……
* 太阳照常升起,今天我盼望的事会发生吗?我看不到任何迹象……

↑打造试金石

我们可以在身边准备一个代表平静感的象征物品。在我们感到不堪重负或焦虑时,它会起到重要作用——提醒我们深呼吸。如果你能创造出属于自己的象征物,效果就会翻倍!所以,现在让我们来打造属于自己的"试金石"吧。

1. 深吸一口气，屏息，然后呼出这口气。那种深深呼出一口气的感觉如何？你在深深呼气时，脑海中浮现了什么符号、图像或颜色呢？是大海，还是一本书？也可能是太阳，或是一把椅子？

2. 利用你手头的任何资源，比如油漆、彩铅、炭笔、蜡笔，等等，画出脑海中出现的符号或图像。你可以画得很简单，也可以画出各种细节。而且，你想画多久就可以画多久，这些都随你心意。

3. 画完后，请把你的画放在每天都会看到好几次的地方。

4. 之后，每当看到这幅画，你都会收到这样的信息：你要平静下来，重新专注于当下——这幅画就是压力出现时的试金石。

温馨提示：吸气时要默数四秒，屏息和呼气时也一样。

↑阳光甘露

1. 找一个空罐子，最好选择你喜欢的样式。

2. 接下来，每当生活中有好事发生，或是有让你感觉滋养内心的时刻，或是有令人振奋的消息，请你拿一张纸片记录下来。你不需要写下太多细节，只要写下的内容能让你回忆起具体的事情即可。

3. 在写下你的经历时，想象这些时刻是什么颜色的，而你当时有多么快乐。你的快乐会渗透进入笔下的纸片,但这不会把你感受到的快乐转移到别处,而是会让你的快乐继续扩充,变得更丰富。请你留意这整个过程。你的笔记可以写得很简单,也可以很详细;可以直截了当,也可以精雕细刻;你可以写度假的经历,也可以写第一片秋叶落在脚下的情景。你想写什么都可以,你可以随心选择。

4. 我喜欢把这些纸条称为"阳光甘露"。请把你的"阳光甘露"放进罐子里吧。

5. 之后,每当你感觉自己过得很辛苦,就可以挑出一两滴或更多"阳光甘露",重读一遍重拾记忆。往昔的积极情绪也会浮现,并再次充满你的身心。

↓ 达拉赫的狗

最近,我询问我的读者们:你们在面对焦虑时怎样给自己安全感?我的老朋友达拉赫在帖子下留言,这段话引起了许多人的共鸣:

最近,我开始把我的焦虑当作一只窗外吠叫的小狗,因为我知道它就是在"砍倒树捉麻雀——小题大做"。但是,我一定会让它知道,我听到了它的叫声,而且它已经圆满完成了任务。

如果让你仿效达拉赫的做法,把焦虑的情绪想象成一只狗,你的那只焦虑的狗会是什么样子?什么品种?你会给它取什么名字呢?当你的狗开始吠叫时,你可以对它说些什么呢?

如果下次你又感觉特别焦虑，可以想想该如何告诉你不安的宠物，你在认真听它说话，你也知道它是因为关心你才吠叫的，而且这是它的工作。如果有需要的话，你还可以带它出去呼吸一下新鲜空气。

↑ 艺术创想[①]：家庭版

在这个练习中，你需要一张纸（最好是 A3 大小的），还有一个纸盘和各种颜料。准备就绪后，就可以即兴发挥啦！

1. 根据你对颜色的喜好来选择颜料，选的颜色越多越好。但要注意的是，不同颜色的颜料可不能混在一起。

2. 然后拿起纸盘，挤上颜料。在盘子上挤好你选择的颜色后，就可以开始向着同一个方向来转动纸盘了。然后，你就能看到各种颜色交织、混合、相融在一起。你仔细观察色彩的交错，以及这些错综复杂的颜色形成了怎样的美丽图案。

3. 准备好以后，把盘子拿到纸的上方，倒扣在纸上，让颜料洒落下来。

4. 如果你不介意的话，还可以把盘子四处移动，让颜料顺着你的手掉落。

5. 观察呈现在纸上的图案。你还想再加点什么吗？想不想

[①]《艺术创想》（*Art Attack*）是英国 CITV 的一档针对 4—16 岁孩子的高人气艺术类儿童节目，由"创意小角落"和"环保艺术拼图"两部分组成，遵循的原则是"艺术创作应该与娱乐并行"。

用指尖画点什么？还是就让它保持现在的样子？请遵从你的直觉，做你想做的。这一刻，你只需要考虑你自己和颜料。

6. 全都画完后，请看着你的画，做个深呼吸。你现在感觉怎么样？在做练习之前，你的感觉又如何？不管怎样，都不要去抵抗此刻的感觉。

> **花上五分钟：理解你的障碍**
>
> 　　自我安慰和自我调节并非易事。我们往往想要走那条阻力最小的道路，也就是给我们带来舒适感和熟悉感的路。这是我们身心的本能选择。因此，当我们开始尝试新的练习方式时，一开始可能会感觉困难重重，充满挑战，这是非常正常的现象。
>
> 　　如果你感觉遇到了阻力，这同时也表明你正在抵抗并打破旧模式。这不是为了给你增加负担，你也不要想着从消极情绪中全身而退；相反，这一切都是为了让你体验一种轻微的不适感，这是为了让你成长，并让你学会与不适感共存。所以，请你千万要记住这一点，继续向前走。

如果你有以下的遭遇或者观点，那么你可能很难学会自我调节：

小时候没有人给你良好示范。

经常过度劳累、生病或筋疲力尽。

始终认为应该是别人做出改变。

不去给自己留出反思的时间。

不愿意学习新的应对方式。

心理笔记

在接下来的一个月里,请在每晚睡前花上五分钟时间,反思以下问题:

* 我可能会在未来的道路上遇到什么障碍?怎样才能跨越呢?
* 我怎样才能更好地理解自己的身体和内心思绪?我想给它们传递什么信息?
* 我为什么需要学习自我调节?当我这样自问时,我能不能用对孩子说话的友好方式来对自己说话?

你在调节练习中会遇到什么阻碍?你每天的需求是什么?你想从新的应对技能中得到什么?练习一个月后,你就能深入了解这些问题,还能明白自我调节对你而言有多重要。

第六章

设定界线：如何真正实现自我关怀

你要对自己负责，不要让他人替你思考、代你发言、帮你做决定……

——艾德里安娜·里奇[1]

"自我关怀"这个概念最近被频繁提及，以至于这个词的含义变得越来越模糊，甚至被曲解。因此，如果你听到这个概念就已经感到厌烦，或者感觉"怎么又来了"，我也完全可以理解。这个词不仅已被滥用，更是被商业化。因此，我们很难区分真正的自我关怀和"标签式的自我关怀"。但就算如此，我们也必须承认自我关怀有其价值，因为真正的自我关怀在很大程度上会决定我们的生活状态和健康程度。

---

[1] 艾德里安娜·里奇（Adrienne Rich, 1929—2012），美国著名诗人，擅长描写女性在社会中的经历，被称为美国20世纪后半期最有影响力的诗人之一，1974年以《潜入沉船》获得美国国家图书奖。

界线和自我关怀有何联系？

在我们大多数人的脑海里，自我关怀和设定界线似乎是没有关联的两个概念。但是，如果我们想要真正关爱自己和他人，设定界线正是最有效的方法之一。界线可以创造并维护我们自己和他人的极限，也是尊重的体现。我们只要明白了这一点，就能好好爱护自己，这可是一千次一万次泡泡浴都比不上的疗愈作用呢。

从本质上讲，界线能让我们清楚看到自己的极限在哪里，包括情感、心理、精力，以及身体上的。一方面，界线可以保护我们，让我们在人际关系中获得安全感。另一方面，界线对我们生活中的其他人也有启示作用，能让他们知道期待的是怎样的互动方式。如果我们能保持界线，坚守自己的底线，我们就不会陷入精疲力竭的境地，不会伤害自己或他人，也不会怨气冲天。同时，我们还可以维护自己的主体感，不让别人的身份、想法和行为影响到我们的自我认知。

界线的益处

- ★ 让我们感到安全。
- ★ 让我们分清哪些责任是属于且只属于我们的，然后再去承担。
- ★ 让他人也能够为自己负责。

* 改善我们的人际关系。
* 改善我们的亲密关系。
* 让我们不再任人摆布,心怀怨恨,不被珍惜。
* 让我们更加明确,想要谁走进自己的生活,以及能亲近到何种程度。
* 帮我们把自己的感受、思想、身份和他人明确区分开来。
* 界线能给孩子们(甚至是成年人)起到示范作用,让他们知道自己值得怎样的对待。

了解界线

我们可以通过这样两种渠道去了解:我们童年时代的榜样,以及我们一生中不同阶段遇到的同龄人群体。如果我们的父母没能设定健康的界线,可能我们也很难为自己设定。同样,每个家庭和每种文化也大有不同,有些会高度重视个人主义和私人空间,有些则会高度重视社区意识和集体主义。

我们在幼时都会学到一些设定界线的模式,在成年之后仍会不断重复,但自己可能意识不到。我们可能会一直在其中循环,除非遇到了打破固有模式的情境或人。比方说,如果我们童年时的主要养育者总是在努力满足他人的需求,甚至不惜花上大量时间去做许多零散任务,我们也可能会模仿这样的做法。但有些人在这样的情况下则会回绝别人:"我做不到,这周太忙了,所以我周末要好好休息一下。"因此,我们听到这话可能会大为震惊，第一反应甚至可能是惊恐万分。他们竟然还能这样？就只是因为自己累了而已吗？我从2006年以来每天都过得疲惫不堪，但我还是会说"可以"或"别取消"！

对于处于这种模式之中的我们来说，如果有人看重自身需求，并因此而声明具体的界线或愿望，我们可能会感觉不快，还会因此产生复杂的情绪。如果你也有过这种情况，那就需要多加注意了，你可能需要对自己的界线更加关注。

守护你家的大门

我是一名视觉型学习者，喜欢通过比喻来更好地理解概念。你可以把心理上的界线想象成你家的大门，这也许能帮你弄清楚界线的定义。

当我们敞开大门（即没有设定界线时），任何人或生物都可能闯进我们家，想待多久就待多久，想拿什么就拿什么，因为他们可以随意假设我们的容忍限度在哪里。

然而，如果我们关紧大门（设定了明确界线时），人们必须敲门或按门铃才能让我们知道他们来了，然后还得由我们来决定他们是否可以进来。这时，我们可以说"我现在没空"，也可以说"好的，请进"，这样就再也不必让自己陷入被动局面，而是可以根据当时的情况来决定如何答复。

> **花上五分钟：评估你的界线在哪**
>
> 你在生活中界线设定的情况是怎样的？想要衡量的话，请你问问自己以下这些问题：
>
> * 我是否很难说"不"？
> * 当我不能为别人做点什么时，我就会感到内疚或羞愧吗？
> * 我是否总会和别人分享太多？
> * 在我看来，界线是对自己有利，还是对他人有利？
> * 我会试着去帮别人解决问题吗？
> * 我是否把别人的责任扛在了自己肩膀上？
> * 我有选择困难症吗？
> * 我是否曾经帮过别人的忙，事后又怨声载道？
> * 我总是在扮演"拯救者"的角色吗？
> * 我是否经常把自己的感受或反应归咎于别人？
> * 我是否经常感觉自己被人利用了？
> * 我是否发现自己的想法/感觉不知从何而来，有时又去无踪？
> * 我是否经常担心自己会让别人失望？
> * 我是否在与某些人相处后总会感觉很疲惫？
>
> 如果你对以上许多或所有问题的回答都是肯定的，那么你很可能需要更好地维护和关爱自己的界线才行。

界线的类型

个人的界线有三种类型：

★ 僵化型。

★ 畅通型。

★ 健康型。

僵化型界线

我们可以把僵化型界线比作一堵墙,别人会被这堵坚硬的墙拒之门外,我们自己也会被牢牢地关在里面。如果我们的界线是僵化型的,我们可能难以向别人开口求助,在亲密关系中也会倍感挣扎。

如果你发现自己有这样的问题,不妨反思一下：当你想到要让别人进入自己的世界,或是让别人了解真实的你时,心中会泛起怎样的恐惧呢?

畅通型界线

如果我们的界线属于畅通型,那就像是家里大门敞开的情形一般,甚至连铰链也被解开,任何人都可以随意进入,没有任何阻拦。在这种情况下,我们可能会跟别人分享太多自己个人的事,难以拒绝他人,或是认为自己要对他人的情绪负责。同时,我们还会罔顾自己的意愿,总是容忍别人对自己的无礼行为,害怕没人喜欢自己。

第六章　设定界线：如何真正实现自我关怀

如果你能从上述描述中看到自己的影子，那么你最好巩固一下你对他人设定的界线，这应该会让你受益良多。你可以先反思，为什么你目前的界线不利于自己的身心健康？是哪些因素阻碍了你设定界线？

健康型界线

如果说上述两种界线分别处于两个极端，那么拥有健康型界线的人就处于二者之间的位置，因为他们能够毫无愧疚地说"不"。他们会表达自己的愿望和需求；会有选择地接纳那些他们喜欢的人；会在接受他人决定的同时也坚守自己的价值观。

世间大多事物的关键都在于平衡，设定界线时也不例外。因此，我们需要确保自己既不是僵化型界线的囚徒，也不是畅通型界线的受害者。话虽如此，但如果我们尚处于设定界线的早期阶段，其实也不妨设定得略微僵化一点，这至少会比畅通型更好。僵化型界线并不一定不健康，其实在某些情况下可能还非常有帮助。例如，如果我们的父母非常强势专制，总是教育我们该做什么，甚至嘲笑我们，或以"煤气灯效应"[①]的方式在心理上操纵我们，那么我们就会建立僵化型的界线，只选择极少的人来敞开心扉。

有些事情的界线可能比其他事要明确得多，比如我们愿意

---

① 煤气灯效应（gaslighting）是一种心理操纵的形式，其方法是一个人或团体隐秘地让受害人逐渐开始怀疑自己，使其质疑自己的记忆力、感知力或判断力。

花多少时间与某人在一起，或者选择与某人分享到何种程度。但是，另一些事情的界线则可能相对模糊，只有界线已经被突破的时候，我们才会有所觉察。比如说，当家庭成员互相之间说起八卦，或有一位朋友不请自来时，我们才会感觉不对。我们会看多少篇新闻？我们会使用几个社交媒体？我们倾听他人发泄或诉苦时愿意听多久？这些也都是微妙的界线。

如果你想知道自己该在哪些事情上设立界线，关键在于你要先了解你自己。

对界线的常见误解

你是否曾经不敢拒绝别人，或是觉得自己根本别无选择，只能答应？相信我，你不是一个人。我们总是不惜一切代价地"维持和平"，这往往是由我们成长过程中内化的信息决定的。如果你担心设定界线会让人际关系受损，请别担心。总有那么一些我们容易相信的错误观点，阻碍着我们向他人表明自己的极限在哪里。

现在我们不妨来一起看看。

误解1：设定界线就等于拒人于千里之外

在有关界线的误解中，这是最常见的一种。但讽刺的是，我们设置界线的目的在大多数情况下恰恰是要拉近距离。从长远来看，无论是在友情、爱情、亲情还是在其他关系中，设定界线都有助于建立联系和亲密感，因为界线归根结底是在表达对自己和他人的信任和尊重。

因此，我们可以设定健康的界线，不让他人或突发情况随时可以进入自家大门，限制他们可以进来多远，以及可以停留多久。这纯粹是为了尊重我们的自身需求，保护我们自己的心理健康。同时，这也是为了让我们承认一个事实：并不是生活中的每段关系都会让我们更加幸福。当然，要承认这一点其实并非易事。

误解2：设定界线只是为了利己

如果我们深切地关心着他人，又想要维持和平的人际关系，此时设定界线看上去可能像是自私的行为。然而，每段关系都需要界线才能保持健康和平衡。有些人会因为我们没有设定界线而从中受益，也只有他们会让我们觉得，界线是某种程度上利己的产物。

事实上，设定界线于人于己都有帮助。因为，这会让他人更清楚地了解我们看重什么、我们是谁，以及我们的极限在哪里。如果我们遇到任何事情都点头称是，我们可能会在那一刻感觉良好。但当我们发现不得不做的事情太多，自己被压得喘不过气来又无法履行承诺时，最终可能会让自己和他人都感到失望。更有甚者，我们想到自己一开始就被叫去做这些任务，可能会因此变得怨气冲天，日益烦躁。

如果我们拒绝他人的邀约和请求，可能会在那一刻让他们失望。但从长远来看，这才是真正对别人好的做法，因为我们在这样做了之后既问心无愧,又能保持动力。

有时候,说"不"才是表达爱的方式。

误解 3:设定界线就是对他人发号施令

在任何关系中,我们都可以提出要求,来建立健康的界线。但我们要清楚的是,请求改变和要求改变,或是对某个人发号施令,这些都不能画等号。由此延伸的话,有些人认为"界线"是专横或苛求的表现,这种想法是实实在在的误解。

例如,我们可以建议自己的兄弟姐妹去接受心理治疗,自然希望他们会按我们说的去做,但不能要求或期望他们一定这样做。如果我们都是成年人,在任何互相尊重的关系中都应该明白,对方有权答应,也有权拒绝,还可以给出折中的回应。

当你和他人沟通界线的话题时,其实是在向他们表明你的极限在哪里,也是在请求他们尊重你的极限。与此同时,你也是在明确告诉他们,如果他们拒绝你的请求,你会怎么做。例如,你可以这样声明:"如果你继续这样谈论我爸妈,那我就从此不提这个话题了。"或者,你也可以说:"如果你继续以这种方式对我说话,我就会从这个房间走出去。"

但是,有些界线会挖出他人的恐惧,甚至被加以利用。对此我们要多加小心,因为这些界线可能很快就会变成一种不易察觉的情感操纵形式。设定健康的界线并不是操纵,也不是为了获得对他人的控制或权力,而只是想让我们有意识地选择自己的行为和生活。因此,界线会把控制的重点转移到我们自身的行为上,这也是我们真正有能力控制的部分。所以,我们一定要理解设限与操纵的区别,这很重要。

误解 4:家人之间无须设定界线

家庭是一个复杂的系统,往往非常需要设定界线。但有人会认为,即使家人们说出并不友善的话语,我们也必须忍受,只因为"他们是家人"。这种关于家庭关系的错误观点实在令人担忧。

面对无礼或破坏性的行为时,亲情牌绝对不是免费的通行证。如果我们不能容忍家人之外的人有类似行为,那我们为什么能允许父母、兄弟姐妹或其他亲属这样做呢?

我们要尊重家庭,这是许多人从小就接受的教育。某些事情发生时,他们会被要求保持缄默,接受他人的行为"就是这样";他们还会被要求谨慎行事,尽量保持表面上的和谐局面。然而,哪怕是最融洽的家庭关系也需要界线,这是不可或缺的。无论是在家庭的内部还是外部,设定界线都可以助力你的成长,同时帮你从他人的期望中解脱出来。

了解我们与界线的关系

界线是任何关系的核心。有些界线错综复杂,有些则简单明了;有些界线不易察觉,有些则很难让我们在实际生活中应用并遵守。

> "家庭"不是伤害别人的正当理由,更不该成为有害行为的练习场。

接下来,我们将探讨如何建立界线。在开始之前,请你提醒自己:你无须因为自己设立界线而感觉内疚、羞愧,也不要认为这是自私的行为。

在逐步建立界线的过程中,你其实是在选择:

★ 短期忍受不适,而非长期心怀怨恨。

★ 自尊,而非自毁。

★ 幸福,而非倦怠。

★ 人与人的真正联结,而不用再"躲"在取悦他人的面具后面。

设定界线

界线是非常个人化的事。因此,设定过程也因人而异。同时,在我们一生中的不同阶段,界线也会发生变化。虽然设定界线没有标准答案,但我希望以下步骤可以让你开局良好:

第六章 设定界线：如何真正实现自我关怀

1. 确定自己的极限

如果我们根本不确定自己想要怎样的界线，那就不可能设定适合自己的界限，这是毋庸置疑的。可惜的是，这对许多人来说都是一道难关。如果在孩提时代没有人曾经示范过健康型界线的行为模式，我们就更加难以克服。在这种情况下，我们许多人只有开始产生某种不适或"失调"的感觉时，才会意识到自己的界线或极限已被逾越。

当你过去遇到界线被侵犯的情况时，你是否感到沮丧、怨恨、不适或戒备？如果你想要确定自己的极限在哪里，有个好方法就是仔细回想这些经历。你可以回忆一下，在这些情况发生时，你的身体有什么感觉？你有没有心跳加速？有没有满脸通红？你是不是在发抖？然后，请你根据这些感觉来思考：哪些事情是你可以接受的？哪些是让你过于不适而无法接受的？哪些事情是你愿意容忍的？哪些又是你难以拒绝的？希望你能够学会解读来自身体和心灵的信息，这有助于确定自身极限在哪里。

2. 考虑后果

如果你的界限被他人逾越，你愿意采取怎样的行动？在你明确画出某条界线后，你可以为其措辞，写一些粗略草案，并在最后附上一个或多个可能出现的后果。注意，你写下的这些后果应当简洁明确，你要清楚表明如果有人不遵守界线你会怎么做。

我们有许多不同的方式去爱一个人，其中最被低估的一种方式就是信守诺言。我们应该在越界发生时兑现之前声明过的后果，这也是信守承诺的一种形式。因此，虽然捍卫自己的界线可能会让人感觉很苛刻，但这样做其实能让我们的人际关系更加蓬勃发展，我们也不会长期生活在怨恨、消极攻击或敌意的阴影之下。

你可以通过以下方式来声明你的界线，并指明后果：

* 你在我面前说别人的坏话，这让我感到很不舒服。如果你再这样，我就要先走了。
* 如果你继续这样对我说话，我就要挂电话了。
* 如果你一直对我说的话充耳不闻，这会让我感觉你并不享受我们的相聚时光，那我就先回家了。
* 你在最后一刻放了我鸽子，你的决定让我感到很受伤也很失望。之后我会告诉你这给我带来了怎样的感受，这样我就不用独自消化这些情绪。
* 我不想和你争论我的感受，只想与你讨论如何解决问题。如果你现在不能和我讨论解决方法，那就让我们先各自冷静一段时间吧。

你声明后果是要让对方知道，如果他们抵达你的忍耐极限将会发生什么。但你最好不要像下最后通牒那般严厉地说话，你只需要诚实地告诉对方你会怎么做就好了。与此同时，我希望你能明白，这些后果也可以随着情况而改变——越界的代价并非一成不变，但一定要保持明确。

许多人总是不想说明界线在哪里，或是对后果避而不谈，但他们往往都会陷入困境。例如，他们最终可能会花费大量精力，过于突破自身极限，只为迎合他人，结果导致界线丧失了应有的作用。你可以在表明后果时保持温柔，但一定要坚定执行，我们的爱不只是通过语言来表达，也要通过行动来展现。

3. 传达界线

如果我们已经知道自己想要怎样的界线，这固然是一件好事。但是，如果我们不把界线明确告诉他人，或者陷入"我不用说出来，他们也应该知道"的思维陷阱，那么就算明白自己的理想界线在哪里也无济于事。

任何新技能都需要练习，和别人沟通自己的界线亦不例外。如果我要你去清晰又果断地描述界线，这可能会让你感觉畏惧，因此你可以这样练习：先去练习和不认识的人打交道，然后再逐步提高技巧。比如说，如果你点的菜被服务员上错了，你可以用坚定但友好的方式去沟通这件事；如果某个认识的人问你一些隐私问题，而你不想提起，那你可以直接拒绝；如果你在商店里被多收了钱，那就可以去和收银员沟通一下；如果有人在社交平台上给你发消息，让你投资一只新上市的股票，或是对你说"嘿，宝贝，来聊聊天吧"，你可以直接屏蔽他们。这些与陌生人的小互动没有什么大风险，可以有效地让我们变得更坚定。

如果我们已经逐渐适应了这种畅所欲言的感觉，那就可以开始把日益增强的自信心运用到核心社交圈里了。在和家人朋友沟通界线时，我们要做到明确、直接但又不失尊重，这几点就是关键。

"不"本身就已经是一个完整的句子了。但是,如果对方是我们亲近的人,我们可能会想解释一下自己为什么说"不";我们不会每次都这么做,但总免不了偶尔去解释。我希望你不要让自己陷入没有必要的辩解之中。只要你感觉舒服,少说一点也无妨,但你要注意,千万不能用消极的语气去解释。

你可以使用第一人称来陈述,这在解释过程中会有帮助。比如,你可以说:"你对我视而不见时,我感到很难过;如果你之后还这样,我会以温和的方式来提醒你;如果这种情况再不改变,我就要走出这个房间了;你得让我知道你在听我说话,而且确实听明白了我的意思。"这类表述都有助于我们传达自信,展示自尊。

把你的界线告诉别人其实会给他们带来安全感,然后他们也会感觉可以放心地向你说出他们的界线在哪里。如果你不介意的话,不妨考虑找一位密友一起来讨论书中的这部分内容,看看你们会想到哪些界线。

花上五分钟:创建你自己的界线声明——以"我"为主体

你可以使用以下措辞来形成自己的界线声明,然后再努力付诸实践:

★ 你的 [填入对方的行为] 让我感到 [填入你的情绪]。

★ 如果这种情况继续发生,我将 [填入可能的后果]。

★ 我需要的是 [填入你的需求]。

4. 维护界线

现在到了最后一个阶段，那就是遵守或维护你的界线。这往往是最具挑战性的一个环节，因为在别人考验我们的决心时，我们既需要充满力量，又需要坚持不懈。

归根到底，我们设定的界线总会经受各种各样的考验。即使我们已经说明了自己的界线在哪里，也表明了被逾越后会怎样，我们在生活中总是会遇到一些人有意无意地在边缘试探。

我们的界线肯定会遭遇一定程度的对抗，这很正常。尤其如果我们以前没有划定界线，可能有很多人已经对此习惯，他们会触碰我们的界线是再正常不过的事。我也可以告诉你一个诀窍，就是你要提前预料到这类情况，并将其视为一种磨炼就好，因为这恰恰是你巩固界线的机会。最终，你会变得更加自尊自爱。

还记不记得之前的那个比喻？我们的界线就像我们家的大门。现在让我们继续使用这个比喻。如果有人走到你家门口，他们如果看到门是虚掩着的，就会继续随心所欲地走进来。每当我们牺牲自己的界线，敞开大门时，那就相当于在允许别人这样为所欲为。如果连我们自己都不按照自己的界线来行事，那其他人又为什么要遵守呢？

好消息是，每当你维护自己的界线时，你其实有机会改变他人对你的期望，同时也有机会增强自己的自信心。

我们设定了新的界线之后，通常会看到所爱之人有这些常见反应：

★你变了。

★ 我还是想念以前的那个你。

★ 你现在太敏感了。

★ 你现在真是太自私了。

★ 我对你很失望。

★ 你恐怕是电视剧看得太多了，想用到自己身上。

如果你已经告诉某些人自己的界线在哪里，而他们仍想继续挑战甚至越界，那么我希望你能明白的是，我们也许无法改变他人，但可以改变自己与他们相处的方式。因此，在其他人持续冒犯的情况下，你也许该考虑重新设定越界的后果了。

如果你身边的人屡次突破你的极限，那么我想，你应该暂时放下这段关系。甚至，永远离开也并非不可以。界定并坚持自己的界线是一件非常复杂的事，特别是涉及家庭关系和亲密关系时，事情往往会更加复杂。所以，如果你真的觉得这些事情很难处理，记得一定要向外界寻求支持。

希望你身边有一个值得信赖的朋友，可以给予你温柔的指引，或是做你的参谋长。有时，这样的朋友真的可以帮你打开复杂难解的心结。除此以外，如果你觉得自己还需要更多的支持，请一定要考虑向心理健康专家寻求帮助。

当你感觉难以坚持自己的界线时，可以回想一下自己当初这样设定的初衷。请提醒自己，这些界线是为了保障你自己的幸福，不管别人怎么说，你都需要界线。

界线标志着你和他人建立了健康的关系，同时也标志着你和自我建立了健康的关系，因为你实现了自尊，看到了自我价值，做到了真正的自我关怀。

有时候，我们需要离开当下的关系，选择一条更有利于自己身心健康的道路。请一定要遵守自己的界线，这也是向他人明确说明自己界线的最好方式。

> **花上五分钟：遵照自己的界线来行事**
>
> 　　界线的意义就在于，你会由此开始关注并尊重自己的感受。如果你发现自己总是无法坚守，或是总有其他人来逾越你的界线，那你就该问问自己：
> ★ 我在做什么？这个人在做什么？
> ★ 我该怎么处理这种情况呢？
> ★ 哪些事情是我能控制的？

界线处于持续变化之中

　　界线是可以改变的。随着时间的流逝，我们也在不断完善自我，然后逐渐看清某些界线究竟是助力还是阻碍。界线会帮助我们治愈伤口，但在我们努力治愈的过程中，这些界线很可能也需要发生相应的改变。因为你在成长，而曾经的某条界线已经不再适合今天的你。不过，这也并不意味着这条界线在当初就是错误的。

　　同样，不同的界线也适用于不同的关系。我们也许会遇到难相处的家庭成员、喜欢挑衅的同事，等等。如果我们遇到这样的情况和关系，可能需要设定更严格、更僵化的界线。与此同时，你可能会觉得有些关系的界线可以更开放更灵活，比如你与你最好的朋友的关系。所以，不妨花些时间来探索合适的界线。

随着我们对自己的了解逐渐深入，并逐步在日常生活中融入更多的自我调节练习（详见第五章），我们可能会在这一过程中发现，自己的需求已经能更好地被满足。我们在处理自己的界线时也不再感觉不堪重负，不会再出现冻结反应。

如果你要调整自己的界线，最好能留出足够的时间，这非常关键。如果你曾有过创伤，那就更该这样做。你要允许自己慢慢来，这才是对自己最好的选择。如果想要迅速治愈创伤，可能会引发灾难性的后果。希望你能始终把自己的安全放在首位。

如果有人始终尊重我们的极限和脆弱之处，随着时间的推移，我们可能会把界线调整得更有弹性一些——这反映出我们对他们的信任。如果我们感觉和自己关心信任的人越来越疏远，那我们可能也需要软化界线。有时候，我们原本想要建起安全的"前门"，实际上建成的却是一堵巨型砖墙！如果意识到这一点，那就更需要考虑放松界线了。

你在日复一日地不断成长和变化，在这个过程中，记得慢慢来，仔细辨别。

用合适的表达方式声明界线

如果想设定界线，我们有时用简单的语句就可以声明，有

第六章 设定界线：如何真正实现自我关怀

时则可能需要更加详细地讨论。

在后面几页中，我将会给你一些例子，告诉你如何声明界线。各种情况都有所涉及，包括用于特殊场合和节假日的、用在家人和朋友关系中的、用在伴侣相处之中的，以及用于冲突场合的界线。

你在阅读这些声明范例时，可能会感觉在很多场合都不太适用，要么格格不入，要么过于正式。所以我还要说明的是，这些范例只是一个大致的起点，也只能为你提供简单的指南，最终还得由你来确定怎样的内容和措辞适合自己。

你也可以在探索这些示例的时候进行随意改写，选出那些你喜欢的例子，用自己的话来表达，然后再试着大声说出来。这样一来，你就会习惯于听到自己说出这些话，知道这样的话说出口是怎样的感觉。

用于特殊场合和节假日的界线

如果有一大堆节日蜂拥而至，你通常会收到数不胜数的邀请，也有许多需要履行的责任。或许你已经都处理好了，感觉自己只想要安安静静地休息一会儿；或许你还在努力平衡，试图兼顾。不管怎样，在这样有大量活动和聚会的繁忙时期，我们的界线确实会遭遇极大考验。

在以下示例中，有没有哪些声明适用于你的情况，并能引起你的共鸣？如果有的话，你可以挑选出来，随意改写，用自己的话来表达：

* 非常感谢您的邀请，但我得提前说一下，我只能待到晚上八点半。
* 这件事你应该和 [某个人] 讨论，我不想掺和进来。
* 我很喜欢和你相处，但如果你继续这样谈论某个话题，我就要走了。
* 我不太想谈论这个，我们能换个话题吗？
* 我很期待和你相聚，但我没法留下来过夜。
* 现在不行，我要先回房间静一静。
* 不用了，谢谢，我已经喝得挺多了。
* 我很想和你叙叙旧，但现在太晚了，不如改到某个日期/时间吧？

与家人和朋友的界线

与最亲近的人设定的界线往往是我们最难以实施和坚持的。我们的核心交际圈有一种独特的魔力，能够治愈我们内心深处那些尚未愈合的、无意识的部分。然而，我们还是应当设好界线，才能保护自己和身边的人避开那些不必要的挫折，免于困惑和焦虑。

在以下示例中，有哪些符合你的情况，并能引起你的共鸣？

* 谢谢你，但我想试着自己去处理这件事。如果我需要帮助，我会告诉你的。

* 当你谈到某个话题时，我感觉很不舒服，我们还是谈点别的吧。
* 我不是要你给我提出具体建议。如果可以的话，现在我真的很希望你能认真听我说话。
* 我很想和你叙叙旧，但我明天还要工作，所以我得休息了。约一个我俩都有空的时间吧，过了某个时间点我就没空了。
* 我很喜欢和你聊天，但我不是每天都有时间。不如我们约好在每一周中的某天聊聊天吧，怎么样？
* 我知道你现在很沮丧，但我不想听你这样谈论某人。
* 我知道你是在关心我，但我们现在抚养孩子的方式是对双方都最合适的，我希望你能尊重我们的选择。
* 我能理解你为什么这样想，但我得根据自己的情况做出决定。如果你能尊重这一点，我可以和你进一步讨论这个问题。

与伴侣的界线

你需要与你重要的另一半设定界线，他们可能是你的女友、男友、伴侣、妻子或丈夫。设定界线以后，你才能确定自己能接受什么，以及你希望他们怎样对你。

你可以随时随地和伴侣谈论界线。一句简单的"当你……时，我真的很高兴"或者"我们……的时候，我很不自在"，都能帮助你们围绕界线的话题来展开对话。

在一段健康的关系中，伴侣通常会尊重对方的界线。但我们都只是普通人，都会有失误和越界的时候。重要的是，我们要把失误变成机会，借此来与对方开诚布公地讨论。我们也可以利用这个时机来道歉，然后重新设定界线。

如果你不敢和伴侣谈论界线问题，害怕他们生气或出现暴力行为，那你就要多加留意。这表明你的这段关系可能具有某种程度的虐待性。假如你觉得你属于这种情况，那就务必要向可信赖的朋友或心理健康专家寻求安慰。

但是，如果你可以和伴侣自在地谈论界线，那就可以参考下面的示例。有哪些符合你的情况，并能引起你的共鸣？

* 我很高兴我们都在社交媒体上关注对方，但我不太想和你创造一个共有账号，分享我的个人资料/密码。
* 我很喜欢吻你，但我觉得在公共场合还是低调一点比较好。我们要不要讨论一下这件事？
* 我在白天的时候也很想和你聊天，但我没法每小时都发好几次信息。如果你给我发短信，我可以等到休息的时候或下班之后再回复你。
* 我喜欢和你一起住，但我也需要独处的时间。我们要不要谈谈该如何解决这个问题？
* 我今天好累，待会你来做晚饭可以吗？
* 每天下班回家后，我想先放松半小时，然后我们再聊聊天。你觉得这样可以吗？
* 我希望我俩晚上可以不玩手机，拥有一段高质量的相处

时光。我们要不要商量一下，约定一个把手机收起来的时间？

★ 和你共度周末很开心，但我也想花些时间去见见朋友和家人，我们可以讨论一下该如何平衡这件事。

冲突发生时的界线

当冲突发生时，我们在那个时刻的情绪温度会骤然升高，变得烦躁、情绪失调。在这种情况下，我们很可能会不小心回到旧日的沟通模式。此时，认真倾听与被倾听、看见与被看见、按下暂停键、表述认可，这些都变得比以往任何时候更重要。

我们可以在处理和解决冲突的方式上设定界线。在夫妻关系中，这或许是最重要的对话之一。不过，下面列出的示例不仅适用于夫妻关系，也适用于你生活中的各种关系。

在以下示例中，有哪些符合你的情况，并能引起你的共鸣？

★ 我现在想自己待一会儿，这样我们接下来才能有效沟通，我们20分钟后再接着聊吧。

★ 我想我们可以先暂停谈话，安静地牵着手，就这样待一会儿好不好？

★ 我感觉整个人有点恍惚，你可以小点声吗？

★ 我不太明白你在说什么，你可不可以换个说法，好让我更明白些呢？

★ 我知道你现在很生气，但你这样对我说话是不对的。如果你再这样，我就先从房间走出去了。

* 你这不仅是在惩罚我，也是在惩罚你自己。如果你继续这样，我就得仔细思考今后我要怎么做，包括是否该离开这段关系。
* 我知道你很沮丧，但请你不要那样批评我，真的很伤人，也很不尊重我。而且你的那些批评都是你在断章取义！
* 我们总是在反反复复纠结于同一件事，这根本无法解决问题。我们能不能花点时间想想我们真正需要解决的问题是什么？
* 我觉得你没有在用心听我说话。我希望你可以先理解我说的话，然后再继续和我讨论。

与自己的界线

在我们与他人的关系中，界线必不可少。但是，在我们与自己的关系中，其实也需要界线。如果我们能设定和自我的界线，就可以更好地监督自己的行为，做出符合自身最大利益的选择。所以，哪怕有时候我们感觉很难设定和自我的界线，也还是需要这样做。

如果我们的养育者没有为我们树立健康界线的榜样，而他们的反应和行为准则又没有遵照他们设定的界线，那么我们可能会更加觉得与自我设定界线难上加难。

如果我们从小就没有设定界线，或是界线过于苛刻，那么我们成年后就会感觉界线是在控制我们,或是在从我们手中夺走些什么。除此之外,如果你有某些心理健康问题和成瘾问题,那就可能感觉自己根本无法遵照自我界线来行事。

如果你感觉为自己设定界线很困难,个中原因可能有很多。但无论如何,设定积极的自我界线最终都会给你带来安全感,巩固你的生活框架——这也是健康"重塑"的基础,我们将在第七章中探讨这一点。

自我界线的示例包括:

★ 每天刷两次牙。

★ 每天听一集播客。

★ 限制每天刷手机的时间。

★ 每天喝咖啡不超过两杯。

★ 每周仅限一天可以饮酒。

★ 不要总站在镜子前面。

★ 周末不处理工作邮件。

★ 拒绝聊"八卦"。

★ 睡前洗脸。

★ 保持规律的作息时间。

设定自我界线的关键在于循序渐进。强求完美只会适得其反,所以你一定要慢慢学习。如果你设定的界线过于苛刻或者不切实际,那么你只会抱怨自己,还会感到羞愧,然后被这些情绪击溃。当这种情况发生时,不妨反思一下背后的原因,带着求知欲和同情心去解决问题。

与他人和自己设定界线需要勇气,也需要沟通。你只有不断实践，才能磨炼并完善这项技能。所以，让我们坚持练习下去吧……

解决越界问题的四大关键

爱很简单，可人际关系很复杂。有时候，我们与伴侣、朋友或家人之间的界线会被逾越。如果我们任由"伤口"化脓溃烂，这段关系也会逐渐恶化。很多时候，人们逾越了我们的界线却浑然不觉，但无论他们是有意还是无意，最终的结局都大同小异。重要的是，当界线被逾越时，我们应当采取修复措施，并重新建立起我们的界线——你正在阅读的这一部分会告诉你该如何做到这一点。

1. 识别

当你意识到自己设定的界线被逾越时，你可以留意一下自己内心有何变化。你能说出有哪些情绪在发酵吗？在说之前，不妨先观察一下你身体上的感觉。胸口有什么感觉吗？胃部感觉怎么样呢？有没有手脚发冷？或者浑身发热？你的脑海中出现了什么样的想法？是不是"他们不尊重我""我就是个唠叨鬼"或"根本没人听我说话"之类的话？请你试着集中注意力，有意识地捕捉这些想法，多练习几遍。等你收集好这些来自身心的信号后，你就可以识别并说出当前的情绪是什么。如果你以这种方式观察和收集所有信息，日后就可以更好地按照你自己的想法向他人描述界线。

2. 调节

如果我们能觉察到这些身心发出的讯号，我们可以稍作停顿，深呼吸一会儿。一方面，我们是在根据自己的想法和行为来做出反应；另一方面，身心反应体现了我们渴望的沟通形式。我们要明确区分这两个方面，才能更好地理解自己的内心，真正实现有效沟通。

你过去是不是总是一开口就直奔主题，后来却为自己说过的话而感到后悔，或者为自己没有说点别的而生自己的气？有人冒犯了你的界线，这件事虽然可能会让你感到恼火、不适、心烦意乱，但其实也给你提供了一个了解自己的机会。所以，当你产生这样的反应时，不妨先带着思绪散一会儿步，或者坐下来，把这种反应记在日记里；你也可以只做做深呼吸——尽你所能去调节情绪，看看此时此刻会浮现怎样的感觉。

3. 恢复

接下来，你要花时间弄清楚你的界线是如何被冒犯的，并思考自己现在需要重新确立怎样的界线。

你在做这一步时最需要考虑的是，如果新设立的界线被再次逾越，你又会怎么做、怎么说。我在接待客户时，经常会听到他们这样说："好吧，我已经和他们说过了，希望他们别再这么做了。"

这时我往往会问："如果他们真的又这么做了，你想如何回应呢？"

只需要一次谈话，我们的界线就会自然而然地得到维护和尊重——这只是我们的奢望。或许也存在这样的特例，但这样的情况极为少见。

在某些情况下，朋友或家人总会有意或无意地逾越你的界线，这甚至可能是他们对你的一种试探。

因此，你最好接受一个事实——在你重新设立界线之后，它仍可能在某些时候被再次逾越，所以你不得不再次设立界线。你只有先接受这个事实，才会对越界这件事有所准备，不会再感到惊讶。同时，你说出自己想法时也不会再那么局促。

毕竟，如果你不敢大声说出自己的烦恼，那就永远不可能改变现状。人类是一种积习难改的生物，所以你很可能需要持续地恢复自己的界线，可能远不止两三次。我不知道你可以接受的次数上限是多少，但如果你的界线总是持续性地被忽视和冒犯，当情况已经严重到一定的程度时，我希望你能够进入下一步："重新思考"你的某些关系。

4. 重新思考

你已经和对方进行过明确沟通，但你的某条界线仍被无视。这种情况说明这个人对你没有足够的尊重，你或许应该重新评估或"重新思考"你们的关系，以及你花在对方身上的时间和精力了。

设定界线的关键在于尊重自己和他人。你是全世界唯一能为你自己发声的人，所以如果有人一而再再而三地让你感到不适，你就应该重新考虑一下，对方在多大程度上值得留在你的生活中。哪怕对方是你的家人，你也应该思考这个问题。这绝非自私的行为。

第六章 设定界线：如何真正实现自我关怀

> 如果有人总是挑战你的界线，我希望你能明白，你无法改变对方这个人，但你可以改变和对方相处的方式。

如果你和这个人一起生活，或者对方是你非常关心的人，或是对方在你们的关系里占主导地位，那么要迈出这一步可能是个巨大挑战。我们必须先明确地知道自己有哪些选择，尊重自己并相信自己的直觉，然后才可以去选择当下对自己最好的选项。

这样的选择可能很艰难，你的心情也会出现动荡起伏。可是，生活本就很复杂，我们的界线被突破了，那就意味着我们得做出艰难的决定。但是，请你千万不要误会，这个历程并非必须由你独自走完。我希望你一直记得，无论是值得信赖的朋友，还是心理健康专家，只要是能给你安全感的人，你都可以向他们寻求支持，让他们帮助你找到对你自己最好的选项，并一起完成。

补救我们自己的越界行为

我们既然在讨论逾越界线的话题,那也有必要讨论一下该如何"补救"自己有意无意的越界行为。如果我们踏过了他人的界线,主要可以通过以下两种行为来弥补:

1. 真诚地道歉。
2. 与对方敞开心扉地讨论。

真诚地道歉

我们中有很多人都在生活中收到过"假意道歉"——口头道歉,但拒绝承担个人责任。听到这样的道歉时,我们只会更加感觉挫败。

这种"假意道歉"的示例包括:

★ 很抱歉,让你有这种感觉!

★ 对不起,但是……

★ 我不是故意的!

★ 我只是个普通人!

★ 我真是太糟糕了。

★ 对不起,我不该说这些话——但那也是因为你惹我生气在先!

★ 我只是有些累了,今天心情不好。

与之相反,如果我们收到的是真诚的、发自内心的道歉——

第六章 设定界线：如何真正实现自我关怀

无论是关于界线还是其他任何事情——那听起来都应该是这样的：

* 承认对方受到伤害的原因。
* 对自己的行为负责。
* 承担责任，不推卸不拒绝。
* 不为自己辩护或解释。
* 不让对方的感觉变得更糟。

很多时候，我们之所以会表示愤怒，正是因为受到了伤害，比如最重要的界线受到了冒犯。

在这种情况下，我们也有责任承认自己受到了伤害，并以礼貌的方式表达出来。当受到伤害的人这样做，其他人才有机会来表达真诚的歉意。

请记住：如果我们给出的是伪道歉或"假意道歉"（比如前面列出的那些），这并不能给对方带来多少实质性的安慰，只会消除我们自身的羞耻感。但是，在伤害他人之后感觉到的那种羞耻感实际上是在健康范围之内的。因此，我们一定要确保自己在用公开、诚实、真挚、勇敢的方式来道歉，而且一定要放低姿态，这才是至关重要的。

但是，道歉并不意味着我们要严厉责备自己，或者让愧疚一点点地蚕食我们的内心。我们可以有轻微的、稍纵即逝的羞愧感，这会确保我们不至于失去自我；我们也应当为伤害了他人而感到难过，这很自然，也是一件好事，因为这意味着我们在乎他人。其实，我们可以通过真诚的道歉的形式来和被我们伤害的人建立联结。

我希望你不要把发自内心的道歉视为软弱的表现，而应该将其视为一种谦卑且高尚的行为。道歉蕴藏着力量，能帮人们愈合或新或旧的创伤。因此，发自内心的真诚道歉绝对是值得我们努力去做的。

与对方敞开心扉地讨论

每个人都是独特的个体，因而也会有各不相同的界线。如果你不知道他人的界线在哪里，或者不清楚自己是否越界，那就直接去问问他们吧。虽然并非每个人都乐于谈论这个话题，但如果你愿意主动提起，他们说不定也愿意参与其中呢！

如果对方并没有表明界线在哪里，你往往需要耗费心神去解读他的表现。如果你主动与对方讨论，就不用陷入这场认知和情感的拉锯战，可以节省大量心力。

如果你们能开始讨论，你对他人的了解也会随之加深，会更好地了解他们的界线以及这些界线对他们的意义。在此过程中，你们无疑会发现彼此的界线有冲突的地方，这时候你们可以围绕这个问题进行开放讨论，找到一个适合你们双方而不仅仅是单方的解决方案，这样做对你们的关系同样大有裨益。

虽然有些界线难以讨论，有些问题也难以"补救"，但如果你愿意袒露自己的脆弱一面，那就尽早去和对方沟通吧。从长远来看，这有很大的概率能让你免受很多痛苦。

心理笔记

在接下来的一个月里,请你在每晚睡前花上五分钟时间,问问自己这些问题:

★ 如果我今天跟随自己的心来给出肯定或否定的回答,那会是怎样的感觉?

(例如,对周末计划说"不",对支持某个项目说"是"。)

★ 现在看来,什么样的界线(会)对我有帮助?

(例如,限制自己使用社交媒体的时长。)

★ 如果我过去一直在遵照健康的界线来行事,那会是怎样的感觉?请用现在时态写下答案。

(例如:我感觉自己很有力量。我很自信。我很快乐。我感觉很安心。)

★ 我想在今后的生活中更加尊重自己的界线,那我应该给自己怎样的肯定语呢?

(例如:我应当为自己设定界线;我要遵守自己的界线,这是在关怀我自己,也是在提升我的人际关系,等等。)

> 如此练习一个月之后,你便可以积累大量关于处理界线的有用信息,还能借此了解到该如何积极地处理界线,从而最大限度地实现自我关怀。

第七章
重新抚育：如何自我疗愈

如果你认为自己开悟了，那就去和你的家人共度一周吧。

——拉姆·达斯[①]

"重新抚育"是一个术语。在心理学的传统上，这是指在一段治疗关系中，心理治疗师扮演客户的父母角色，帮助那些在成长过程中经历过功能失调或是遭受过虐待的来访者。

但是，随着我们生活的这个社会更加关注这个问题，重新抚育的过程逐渐走出了治疗室，越来越融入我们的日常生活。因此，这个词现在指向了新的人群，他们会有意识地像父母一样抚育自己、善待自己、关爱自己，从而治愈自己"内在小孩"可能仍在背负的创伤——这个过程有时也被称为"自我抚育"或"自我再抚育"。

[①] 拉姆·达斯（Ram Dass），原名理查德·阿尔伯特，是20世纪60年代哈佛大学心理学教授，后为追求人生真义，赴印度灵修达数十年之久。他被称为20世纪最受推崇的心灵导师。

我们所说的内在小孩是什么？

你可能听过内在小孩这个词，我猜你当时可能会翻个白眼，心想"一派胡言"。如果真是这样，我也觉得情有可原——这一类术语如今总被频繁提起，听起来就像是老调重弹。但我接下来会剖析这个词，希望可以让大家明白，内在小孩的概念与我们所有人都息息相关。

我们每个人都会受周围环境的影响，从出生开始就是如此——正是身边的重要人物和我们经历过的事件塑造了我们。在孩提时代，我们会从家人、朋友、老师、养育者以及遇到的其他人身上学到很多东西。尽管我们不会有意识地承认这些，甚至可能无法记住自己经历过的一切，但这些经历都还是记录在我们的潜意识和身体记忆之中。

这些都是无意识的烙印，可能会在我们成年后仍然保留下来，甚至成为我们内在小孩的一部分：它们携带着尚未愈合的早年创伤，因而希望被看见、被倾听、被无条件地爱着。因此，今天仍然藏在我们内心深处的内在小孩，其实都是重现了幼年时的我们。一般来说，他们都需要我们给予关怀和同理心。

开始重新抚育，我们需要做什么？

我们必须立足于现在作为成年人的成熟状态，探索自己的内心，看看内在小孩有什么烦恼、记忆、故事，以及未被满足的需求。这是为了让我们的内在小孩能从最初的视角中跳出来，然后我们才能更好地应对当前生活中的各种诱因。

在重新抚育的过程中，了解要与遗忘并行。我们必须要了解自己小时候（未被满足）的需求，以及现在该如何去满足这些需求。

我们如何看待安全感、爱和自我价值？如果我们幼时对这些已经无意识地形成了局限性的思维、感觉和信念，就必须把它们全部从脑海中清除出去，才可以弥补幼年时未被满足的需求。

诚然，如果我们能遇到一位合格的治疗师，在其指导之下的重新抚育之旅可能会更顺利。但是，只要我们愿意，我们也可以独自踏上这段旅程，至少在起步阶段我们可以靠自己。

我们为什么要重新抚育自己？

如果我们幼年时的深层需求没有得到满足，或是经历过精神创伤，就会有一部分潜意识的自我仍受困于这些成长中的时刻。我们就会围绕这些事件而形成各种信念和行为模式，直到成年后也无法摆脱。

出现这种情况时，尽管我们表面上看起来还是行为正常的成年人，但内心的内在小孩往往还处在害怕和挣扎之中，还在投入大量精力去逃离往日阴影。

因此，在我们成年以后，如果年幼时的脆弱之处不知为何又被触发,我们给出的反应很可能会和创伤发生时很类似。有时候,某个人的语气会让我们想起童年的一些事,这也是可能的触发点。而且在这时,我们的洞察力和智慧也会跌落到创伤发生时的水平——可当时的我们还很幼小,所以这个水平通常并不高!

因此,我们可能会发现这样的情况:哪怕有人对你发火,你也还是尽可能对他友善,想办法消除他们的怒气;我们也可能会从一个尴尬场合落荒而逃,通过"消失无踪"的方式来保护自己。如果总认为自己能力不足,就无法大声反对那些让自己感到不适的事。但是,在我们慢慢学习对自己进行重新抚育后,就可以让自己的内在小孩在此时此地感受到安全和爱,继而摒弃旧有模式。比如说,我们不必再对虐待自己的人保持友善,不再认为大声表达自我是一件不安全的事。这样一来,我们的那个内在小孩就能逐步放松下来,融入我们正在成为的这个自我:一个意识清明、充满自信的人。

简而言之:我们通过重新抚育来重塑自我。所以,对大多数人来说,重新抚育具有强有力的疗愈效果。

我们要记住,自己并不完美,我们的抚养者也是如此。因此,在重新抚育的过程中,我们不必因为自己的过去而心怀怨气,也不用指责那些养育我们的人。

与此相反,重新抚育是让我们:

★ 理解并认可自己过去的经历。

★ 疗愈幼时的精神创伤。这些创伤可能至今仍伴随着我们,所以再小的创伤都需要得到治疗。

★ 摆脱幼时形成的局限性信念。

★ 创建新的思维和行为模式，更快乐、更健康地走向未来的生活。

如果你出现过以下情况，重新抚育很可能会让你受益匪浅：

★ 你发现自己的人际关系中存在不健康的模式。

★ 你长大的环境经常发生变化。

★ 童年时的养育者对你疏于照顾、虐待你或完全缺席。

★ 建立和维持界线对你来说很困难。

★ 也许有人把你形容为一个"讨人喜欢的人"。

★ 你把自我价值寄托在他人的意见上。

★ 你认为自我关怀是一种放纵。

★ 你总是和自我进行消极的对话。

★ 你难以做出决策，因为你害怕自己会让他人失望。

> 我们在童年形成的信念和模式会一直存在——我们要先提出疑问，这些信念和模式才会消失。

了解我们的内在父母

其实，我们在很多方面都堪称是自己的父母了，因为我们有责任满足自己的需求。哪怕我们没有意识到这一点，这也是事实。我知道有些人会觉得这是个古怪的说法，所以让我们先看几个例子来了解一下吧。

你饿的时候，谁会给你做饭？你需要一件新外套的时候，谁会去给你买？你悲伤的时候，谁会不厌其烦地陪着你？若要回答这些问题，答案当然都是你自己（尽管你的伴侣、朋友或家人可能也会这样帮你）。

我们其实一直在为自己扮演着养育者的角色，但又往往意识不到这一点。所以，我们也意识不到我们正扮演着怎样的父母。

不幸的是，当我们缺乏这种意识时，就会倾向于模仿那些最初照顾我们的人。他们的特质会在我们身上反映出来，或多或少地强化我们的某些有缺陷的信念，而这都是幼时无意之中形成的。

因此，重新抚育的诀窍就是要意识到这一点：我们其实在扮演内在小孩的父母角色——可以根据内在小孩的需求，来主动决定想成为怎样的父母。

花上五分钟：评估你的内在父母

如果你想确定自己目前是哪种类型的父母，那就可以花点时间问问自己：

* 在面对我的内在小孩时，我是否能够给予善意、同理心和支持？我的自我对话是否友善？我会赞美自己吗？我能满足自己最基本的需求吗？
* 我是一个严厉、挑剔的家长吗？我会不会是完全缺席的呢？我是否忽视了自己的需要？我是不是总在关注消极面，却看不到积极面？我是否抑制了内在小孩的情感表达？

无论你给出了什么答案，请你再次扪心自问：以后，我还想为自己扮演这样的父母角色吗？

鱼缸的类比

应该如何开始一段富有觉察力的重新抚育之旅？你会在接下来的几页中找到许多建议。但让我们先从鱼缸的类比开始。你可以想象出一个装满水的金鱼缸，里面有条鱼在游来游去。把这条鱼想象成现在已经成年的你，而水池则代表你的童年经历。

在你游泳的这段时间里，会有一些不健康的污垢在水中累积，这是不可避免的。而且，到了你现在这个阶段，鱼缸里的水可能已经非常浑浊了，这是由你早期经历的性质来决定的。

现在，请继续在你的想象中描绘出这样的画面：将水中的砂砾和污垢全部清除掉，让水变回清澈干净的状态。这个清洁过程就象征着你与内在小孩建立了一套全新的重新抚育习惯，而且达到了健康的状态。

以上这些做法不仅能让水变得更清澈，还能让你更清楚地认识到水质的重要性。从今往后，你就不会再像以前那样让污垢在水中堆积起来。你不会再允许任何污染水质的行为发生。无论是你自己把污垢带进来，还是其他人把污泥倒进你的鱼缸，都不可以。

这个鱼缸的类比非常生动形象，而且是在提醒我们：我们的早期记忆在储存了一段时间之后，便会影响我们成年后的生活，但我们可以随时清理我们的鱼缸，让鱼儿能再次以更轻松自由的姿态游动起来。这其实也就是让我们成年后的自己能再次过上更轻松满足的生活！

花上五分钟：把你的鱼缸清理干净

请你花点时间仔细看看鱼缸里的水。水质看上去怎么样？在里面游泳会是什么感觉？问问自己如下问题吧：

我做过的事或者正在做的事会让水变得更脏吗？

我曾经容许别人往水里加了什么？

我是否可以从一些小事做起，让水变得更清澈？

在我们开始重新抚育的旅程之前，还请注意：

★ 重新抚育是一个缓慢而持续的过程，但你只要勇敢开启这段旅程就一定能获益良多。耐心和同理心会是你最好的盟友。

- ★ 在这段旅程中，你很可能会犯下一些错误，所以不如现在就坦然接受这个事实——犯错也没关系。就算错误会带来裂痕，但你只管去修复就好，这才是最重要的事。
- ★ 重新抚育的旅程也许充满挑战。如果可能的话，你也可以找一位合格的心理治疗师，在他的帮助下踏上这段旅程。
- ★ 如果现在还不是你开始这么做的好时机，那也没关系。你可以仔细阅读这些材料，然后在任何你需要的时候来这本书里寻找指导。

如何与我们的内在小孩建立联系？

我们该如何与内在小孩建立联系（或者说清洁鱼缸里的水）呢？关键方法包括：

- ★ 视觉回忆。
- ★ 再次玩起来吧！
- ★ 给你的内在小孩写一封信。
- ★ 充满善意地和自己对话。

我们稍后将逐一探讨……但首先你要记住，与内在小孩建立联系可不容易，这会是对身心的挑战。因此，请你慢慢来，抱着谨慎的态度开始吧。这一点很重要，我无论如何强调都不为过。

请你一定要定期审视自己，多问问自己这样的问题：我现在有精力做这件事吗？我的身体感觉如何？我做这件事是出于什么目的？善意还可能带来许多附加品，我内心现在是否有足够的空间来容纳呢？

你得先确定有足够的空间和能力为自己提供所需的爱和善意，做到这一点后，你才可以继续前进。后续几页还有一些练习，都能帮你和内在小孩建立联系。每当你完成一个练习，就请在想象中将你的内在小孩放回你温柔的内心世界，用温暖和关怀去包裹这个孩子。这样做一段时间以后，即使你又恢复每天的正常活动，内在小孩也不会暴露在危险之中了。

视觉回忆

你可以通过这个方法有效地与内在小孩建立联系——以自己年幼时的照片为灵感，来一场"时空旅行"，回到自己的婴幼儿时代：

1. 找一张或几张你在婴儿期、学步期或幼儿期的照片。

2. 静静地凝视自己的照片，重新发现年轻时的自己是什么样的。

3. 请仔细去观察，你在看着照片的时候感觉到了什么变化？例如，你这时出现了哪些生理感觉？你体会到了怎样的情绪？这一步对很多人来说都很困难，所以你也不要着急。希望你能记住，我们总是很容易对他人感同身受，却难以对自己同情。毕竟，我们可能很久以来都一直在否定或忽略自己的内在小孩。

4. 无论你出现什么样的感觉，都允许这些感觉进入内心吧，不要批评，也不要拒绝。我们不需要对每一种情绪都完全理解，也不必全然挖掘出背后的原因。我们只需要小心翼翼又心怀善意地对待每种情绪就好。

内在小孩渴望的是同理心，而最后这一步正是为了让我们在某种程度上认识到，无论出现什么情绪，我们都可以顺其自然地接纳，然后继续和内在小孩共情。

再次玩起来吧！

我们在成年后也可以抽出时间去做一些小时候喜欢的活动，这也可以治愈我们。不过，我们其实常常忽视这个方法。如果我们能在生活中留出专门的时间，重拾年幼时喜欢的游戏或活动，我们的内在小孩就会感觉自己被看到、被听到、被认可。对童年的我们来说，玩耍的经历很重要。其实，对成年后的我们来说也是如此：

拿上笔记本和笔，找一个舒适的地方坐下来，回想一下童年。那时是什么给你带来了快乐？

允许自己在回忆和白日梦中深深沉浸吧，再想一想：我以前喜欢做什么？也许你能给出许多不同的答案，比如读书、看电影、做某些运动或游戏、玩某些玩具、与某些人或动物相处、学习某些科目、吃一些食物，等等。

也许你只是想了解个大概，也许你会想得很具体。这都没关系。无论想到什么你都要记下来，最好能把你爱做的每一件事在整个页面上记得满满的，列成清单。

请从清单里选出某个你想"再现"或者重新融入当下生活的选项。比方说，如果你以前喜欢游泳，不如这周就去游一次吧？如果你小时候喜欢爬树，不如找找附近有没有可以去的攀岩中心？如果你以前喜欢画画，不如抽出时间再画一次，或是去报名当地的绘画班？有的人可能想"再现"去海边堆沙堡的经历；有的人可能想"再现"以前放声高歌的场景；有的人可能想的是再次做做手工。你脑海中浮现的任何事都可以再尝试，只要有趣就行。比如，你可以在卧室里举办舞会，也可以重读最爱的童年读物。

请注意，一开始你可能会发现自己并不想在生活中融入太多玩耍的活动，你或许会说，"我不能那样做""我有责任要去履行"或"我没有时间"。产生抵抗心理也没关系，但一定要努力去克服。

你已经为内在小孩再现了这些快乐的玩耍行为，而且还写下了关于这次体验的日记。在这时，记得继续保持好奇。你可以在写日记的时候探究自己的想法。你是否曾感觉这个方法有些尴尬和傻气？或者说，你现在是否依然还有这样的感觉？刚开始的时候，你可能会有点难为情，也可能觉得这样做很蠢，这都很正常。无论如何，继续勇往直前吧！也别忘了保持开放的心态。

给你的内在小孩写一封信

如果你能与四岁的自己共处片刻,你会说什么吗?如果换成八岁或十二岁的自己,你又会说些什么呢?你可以给你的内在小孩写一封信,承认他/她的存在,并开始互动。这也是一个有效的方法,可以帮你和他/她建立联系。

拿一支笔和一张纸,找一个安静舒适的地方,你在那里会感觉安心,能够敞开心扉。

花点时间让自己静下心来,把自己想象成幼年渴望的那种和蔼可亲的父母,让心中自然地涌动起对内在小孩的爱和怜悯。

现在,写一封信吧。去给心中那个年幼的自己一些安全感,让他/她感觉自己被爱着。你可以在信里回忆某一段快乐的记忆,也可以在信里道歉,或是在信里许下诺言;你也可以在信里向内在小孩简单宣布:"我想要和你建立起更紧密的联系。"你写信的内容没有对错之分,也没有人会评判你。

在写信的时候,问问你的内在小孩吧:"你现在感觉如何?你现在需要什么?"然后,请根据你收到的回答来继续写。你在写信时可能会变得情绪激动,这也不是什么大事。就让眼泪流出来吧,你不必感到羞耻;相反,你应该为自己有勇气让别人看到眼泪而感到自豪。因为你正在转变为一个对孩子充满肯定又满心温柔的父母,这值得你感到骄傲。

在你给内在小孩写完第一封信后,可能在接下来的几天或几周内还会想再写几封信。如果你觉得这样做感觉不错,那就这样安排吧。

然后，你甚至还会发现，你的内在小孩想给你回信。他们可能有话想说，或是有问题需要解答。因此，如果你感受到了这股冲动，请予以尊重。你可以用你平时不常用的那只手来写这封回信，这可以帮你绕过大脑的逻辑思维，更深入地去体会你的内在小孩有怎样的真实感受。你小时候是否曾因某些特定的行为而感到沮丧和恼火呢？在回信中写下这类事情吧，说一说这都给你带来过怎样的感受。

如果你的内在小孩给你写的回信中有这类内容，那么，当你再次提笔回信时，请务必要在信中向那个年幼的自己表达耐心、提供空间、传达爱和善意，这些全都是内在小孩迫切需要的。

当你和内在小孩成为笔友并建立对话时，你其实是创造了一个空间。在这里，疗愈和转变都可以实实在在地发生。

友善地自我对话

孩子们常常会认为，他们必须取得某种成绩，或是以特定的方式去表现，才能换来别人的爱。其实，无论我们取得多少成绩，无论我们表现如何，我们都值得被爱。不过，我们的父母可能没有告诉过我们这一点。

意识到这一点，不论是对孩提时代的我们还是现已成年的我们，也许都会造成不小的冲击。尽管如此，作为成年人，我们还有机会对自己说出那些年幼时渴望听到的话。我们的内在小孩可能需要从温柔的父母那里听到许多平静、安抚的话语。

你可以对内在小孩说出这些话来抚慰他/她：

★ 我爱你。

★ 我在保护你。

★ 我很抱歉。

> 亲爱的内在小孩，我知道你受到了伤害。我想让你知道，你是被爱着的。你本身没有任何问题，而且你本来的样子就已经足够好。你很安全，我向你保证。

★ 谢谢你。

★ 去玩耍吧，这是件好事。

★ 你很安全。

★ 我听到你的话了，我为你感到骄傲。

★ 有这种情绪也没关系。

★ 你不该遭遇这样的事。

★ 你已经足够好了。你远比我想象得还要好。

> **花上五分钟：抚育你的内在小孩**
>
> 你可以选择早晨照镜子的时候、烧开水的时候，或是上班途中，在任意一个这样的时刻来可以问问自己：
>
> ★我的内在小孩最需要听到的是什么？
>
> 然后对你自己说出相应的温柔话语吧。你可以大声说出来，也可以在心中默念。爱的表达是你与生俱来的能力，也是自我疗愈和个人成长的关键。

培养安全感

我们要始终确保自己的安全感，无论是在人际关系中，还是在我们和自己的关系中。这是我们重新抚育自我的重要一步。因此，我们若想治愈童年时期形成的情感创伤，也要以此为起点。

在我自己的重新抚育之旅中，以及在我治疗来访者的工作过程中，总有同一个问题会被反复提及："我们年幼的时候，是否感觉安全？"

对于没有遭受过身体虐待的人来说，他们对这个问题的普遍反应是："当然了，我小时候很安全。"从身体层面上来说，这个答案确实没错。但是，在情感层面上是否有不一样的情况呢？

如果我们在情感上感到安全，就能够充分表达真实的自我，甚至愿意分享自己最脆弱的部分。

我们小时候是否获得了情感上的安全感？这取决于以下几个方面的安全感：

★ 表达情感。

★ 表达观点。

★ 分享目标和梦想。

★ 坦然面对内心的恐惧。

★ 不必追问所有问题的答案。

★ 不怕犯错。

★ 寻求关爱。

★ 哭泣和悲伤。

★ 寻求帮助。

★ 询问问题。

★ 玩假想的游戏，比如"过家家"。

★ 敢于拒绝。

花上五分钟：建立你的情感安全感

请花点时间思考一下，你小时候的情感安全感如何，再问问自己：

★ 我可以不用担心受到肢体或言语上的责罚，自由地发表意见吗？我可以不用担心丢脸，自由地谈论敏感话题吗？

★ 我哭泣的时候情况怎么样？

★ 我兴奋或悲伤的时候情况如何？

★ 我请求帮助或说"不"的时候，发生了什么？

如果孩子在情感或身体上没有安全感，就可能会下意识地在生活中扮演以下角色。他们这样做，只是为了寻求一点微薄的安全感，或是某种有安全感的假象：

★ 获得巨大成就的人。

★ 家庭治疗师。

★ "乖乖"孩子。

★ 父母。

★ 小丑。

★ 叛逆者。

在你的家庭结构中，如果你发现自己曾扮演其中的某个角色，甚至可能把这种扮演延续到了现在的日常生活，那么，请带着你的发现重新翻阅第一个核心部分"内在小孩的疗愈"，思考如何逐步挖掘，你扮演这个角色是为了什么。

在人际关系中培养安全感

我们的生活中存在各种各样的人际关系：家庭、朋友、同事、爱人等。不管是哪种关系，我们与对方的互动都是一把双刃剑：既可能让我们情绪上保持健康并获得"安全感"，也可能让我们感觉情感失调且失去"安全感"。

我们现在已是刚刚觉醒的内在父母了，其中职责之一就是时刻辨别我们的内在小孩此刻正和谁在一起。毕竟，任何一位优秀的家长都想确保自己的孩子和合适的人在一起，希望他们能对自己的孩子友善，让孩子感到自信并对自己满意。而这样的人必然是情感上安全的人！

情感上安全的人具有以下特质：

* 善于接纳。

* 提供支持。

* 尊重他人。

* 自我意识明确。

* 界线分明。

* 始终如一。

* 善于沟通。

* 善于倾听。

* 敢作敢当。

情感上不安全的人具有以下特质：

* 情绪不稳定。

* 粗心大意。

* 侵略性或控制欲较强。

* 厌恶情感方面的表达。

* 有防御性。

* 态度轻蔑。

* 反复无常、态度暧昧。

* 难以捉摸。

我们还要记住重要的一点：这些都没有那么绝对。也就是说，既没有百分之百的情感安全，也没有百分之百的情感不安全。甚至连我们自己也不例外。我们每个人都会时不时地出现不安全的行为。

话虽如此，如果不安全的特征已不再是一段关系中的罕见现象，而是成了反复出现或持续存在的模式，那我们不妨停下来，更深入地审视一下这段关系的健康状况。

我们在每个人身上都会感觉到一种"气场"，这直接决定了我们在这个人身上能感觉到多少安全感——内心的"蜘蛛侠感应"[①]有时会告诉我们，"向这样的人展现脆弱的一面，可能会让我感觉不舒服"，或"我感觉这个人不可靠"。

> ### 花上五分钟：探索他人给你的感觉
>
> 想要了解最真实的自己，我们的身体是最重要的了解途径。因此，在你与某个人相处之后，请花点时间反思一下你们的相处对你有何影响。问问自己吧：
>
> ★ 我在和这个人相处的时候，身体有什么感觉？
> ★ 我和这个人分开时，（通常）是感到自信和满足，还是感到泄气又沮丧？
> ★ 通常情况下，是什么能让我在一段关系中感到安全？
> ★ 如果我想要在这段关系中感到更安全，我需要什么呢？

我们必须承认的是，任何一段充满暴力的关系都不可能给

---

① 漫威漫画中蜘蛛侠的一种超能力，能够感知到危险的来临。

我们创造安全感。有些人还认为，如果一段关系曾经出现虐待行为，哪怕现在情况已经改观，我们也依然无法创造安全感。

想要建立安全感，既需要投入时间，也需要花精力去练习。我会在接下来的几页探讨一系列方法，帮你在不曾出现虐待的关系中建立起情感上的安全感。

不要打断对方，暂时把你的想法放在心里吧

如果我们努力积极地倾听彼此意见时，就能在这段关系中建立情感安全感。想做到这一点，你得把注意力完全集中在对方身上——不刷手机，不玩电脑，不看电视；要与对方进行眼神交流；要注意自己的面部表情；要鼓励对方分享。这几点对于伴侣、朋友、家人或者其他人都适用。而且，你要暂时把自己的想法放在心里，直到对方说完再开始表达。

不要评判对方，保持你的好奇心吧

如果我们不喜欢或者不同意对方所说的话，就可能会忍不住去评判对方。但是，我们不能因为别人说了我们不喜欢的话，就认为他是错的，或把他定义为坏人。这也许很难接受，但这就是事实。他们可能只是在表达真实感受而已。如果我们总在不停地批评对方，那就永远无法建立情感安全感。

因此，除非你正在遭受虐待，感觉对方想要操纵或控制你，否则不要用评判和批评的方式来让对方闭嘴。与其如此，不如以好奇的态度来作为回应。

你可以先通过提问来更好地了解对方的想法，再进行回应。当你和对方这样互动时，请不要忘记你有多关心对方，以及对方对你有多重要。这能预防那些评判的话语脱口而出。

别急着做出反应，先停一会儿吧

当我们情感上感觉安全时，我们会相信，哪怕自己分享的事实很痛苦，我们也可以毫无顾虑地说出口，不必担心受到羞辱或伤害。因此，当你所爱的人跟你分享自己的事情时，你有责任调节自己去认真倾听。即使有些内容听起来让你难受，你也应当这么做。

暂时先停下来，而不是一时冲动地让情绪失控，这是自我调节的一部分。如果要开始练习，你首先只需要停顿一秒钟。只要能在做出反应前创造出那一秒钟，你就能慢慢创造出两秒、三秒甚至更多。我们在这种场合中的反应可以向对方表明我们究竟认为什么是可以被接受的。通过传达这一点，我们也因而获得了能量，可以选择是给对方空间去做自己，还是制止对方的言论，让他们难受。

不要辩解，确认一下吧

著名的戈特曼研究所开展了一项研究，发现三分之二的夫妻争吵都是无解的。所以，下次再发生争执时，我们最好不要捍卫自己的观点来把伴侣（或朋友）拉到同一立场，也不要试图改变他们的想法；相反，我们不妨去理解他们的角度。虽然我们并不同意他们的观点，但也还是不妨一试。

如果争执双方都愿意以这种方式来确认对方的观点，而不再详述我们认为对方哪里错了，或是哪里被误导了，这其实可以建立关系中的情感安全感，而且效果会好得出乎意料。

因此，我们回应的时候不要说"我不知道你怎么会这么想"，其实可以试着说一句确认性的话，比如"听到你这样说，我感觉很不好"或者"我不太同意你的观点——但我理解你的意思"。

不要内耗，主动交流吧

你在和亲近的人坦诚交流后，能获得情感上的安全感。这绝对值得一试。如果你不知道如何开口，不妨与他们聊一聊这本书的这部分内容，以此引出更深入的对话。

你可以和你爱的人聊一聊，让他们知道他们的哪些行为会让你感到安全或是不安，这会很有帮助。你还可以与对方聊聊界线（如第六章所述），这样的对话也是建立情感安全感的关键步骤。我们要坦诚地交流情感上的安全感，这其实是在鼓励我们和对方沟通自己的感受。比方说，你可以告诉对方，当我们以特定方式谈论某个人或某个话题时，自己感觉不适或"不安"。

如果任由这种感受在心中内耗，往往会滋生怨恨。因此，情感安全感（和信任）需要我们有足够的勇气去敞开心扉，并向对方展示脆弱面，坦诚交流自己的经历和需求。

培养自己的安全感

希望我们现在已经认识到，在重新抚育的进程中，在人际关系中建立并且巩固情感安全有多么重要。那么现在我们还需要了解的是，在我们的内心建立情感安全感也是一块基石。我在下面列举了一系列方法，可以帮助你在内心一点点地建立起情感安全感。

确定锚点

在生活的各个层面，总有些事物会让你感到安全，有些则会让你害怕。如果你对这些事物了如指掌，那么你就能以此为锚点，在需要的时候用来加强安全感。因此，接下来可以这样做：

拿一张纸和一支笔。

然后花点时间，找出能给你带来安全感的方法，问问自己：

* 我要怎样才能在身体层面上感到安全？
* 我需要什么才能在一段关系中感到安全？
* 我需要什么来获得经济上的安全感？
* 我要怎样让自己感到踏实？
* 我什么时候会感到不安全？那时我的身体有什么感觉呢？
* 当我感到不安全时，我能做些什么来建立情感上的安全感？
* 我要怎样才能在生活中增强安全感呢？

其实，许多能帮助我们获得安全感的事物都是我们唾手可得的，这是人人能享受的幸运：比如，与所爱之人交谈，在急需新鲜空气时大口呼吸，与宠物相互陪伴等。但也有一些事物是我们无论何时都很难接触到的——那些事物要么是"关系"之锚，需要其他人（如朋友、父母、治疗师）的帮助；要么是"计划"之锚，需要我们在事前制订计划，具备足够的耐心和专门的时间。

我们都有这些唾手可得的安全之锚：

* 呼吸。
* 与宠物相伴的时光。
* 在大自然中漫步。
* 为社交活动划定界线。

关系之锚有：

* 和你所爱之人交谈。
* 与朋友一起去看电影或外出游玩。

★ 和治疗师见面谈话。

计划之锚有：

★ 改变自己的行为模式。

★ 存下一笔钱。

★ 离开带来负面影响的环境。

履行契约

重新抚育还有一个重要部分，就是要学会信任自己。你可以通过一个简单的方法来做到这一点：定期要求自己履行一些小小的承诺，并坚持下去。

有时候，你明明说了"我明天要做 X、Y 或 Z"，之后却出于各种各样的原因未能完成。在当时，你可能觉得这没什么大不了的。但随着时间的推移，你会发现有点不对劲。虽然只是一些小小的承诺，但这种未能履行的感觉依然会产生巨大影响。你会因为没有遵守这些微小诺言而逐渐变得不再信任自己，也会感觉没有人认真听自己说话，或是感觉自己不被重视。

只要你能定期履行小小的契约，就可以建立起自我信任，变得更加自信自尊，也能让你的内在小孩知道，你是个一诺千金的人。

如果你发现自己总是在违反微小的自我契约，这可能说明这些契约对你来说还是太宏大了，或者是现在并不适合你。因此，你最好重新评估一下。

找出那些不安的内在行为

每个人都会时不时地表现出一些"不安"的情绪行为。因此，如果你想要在内心稳固地建立情绪安全感，你也需要找出你自己可能表现出的那些不安行为。你需要弄清楚哪些行为只是偶然发生，哪些是习惯性发生，这可以帮你深入了解自己的深层问题究竟是什么。

如果你发现自己出现了缺乏安全感的行为，比如推迟就诊的时间、用药物缓解压力，或是在感到孤独时给前任发短信，那你就该问问自己：

* 这种行为是在掩饰什么吗？
* 我是不是有什么需求还没有得到满足？
* 我该如何满足自己的这项需求呢？
* 在这种缺乏安全感的时候，我该如何安抚自己呢？
* 我想不想找另一个人来交流我的感受？
* 如果我想，那又该怎么做才能让对方真正听懂我的意思呢？
* 在我和对方谈话结束之后，我希望自己有怎样的感觉？这还需要我做些什么呢？

重要的是，哪怕认识到自己存在这类行为，我们也不必感到羞耻；这绝不会给你带来任何好处。这种认识只不过是说明，我们在自我发现的过程中不断增强着自我意识。因此，认识到这些之后，你就有机会温柔地对待自己，对自己负责，并重新调整自身行为，让你感觉更真实，同时，你未来的发展也会更顺利。

重新抚育是自我关怀的一种形式

从本质上讲，重新抚育就是在实践自我关怀，因为我们必须在这个过程中学会照顾自己的需求。无论是孩童时代的需求还是如今成年之后的需求，我们都应该去满足。要想实现真正的自我关怀，我们需要更清楚地认识到自己的思想和行为受哪些模式和信念驱动，每天做出的决定都要符合我们自身的最大利益，还要考虑如何对人际关系带来正面影响。渐渐地，我们会在这个重新抚育的过程中有"此心安处是吾乡"的感觉。

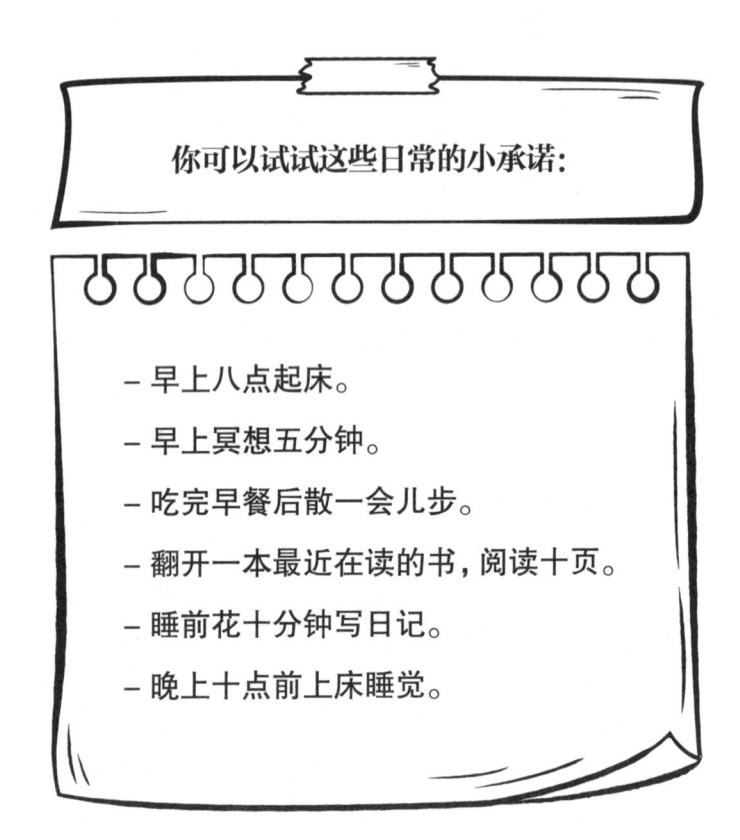

你可以试试这些日常的小承诺：

- 早上八点起床。
- 早上冥想五分钟。
- 吃完早餐后散一会儿步。
- 翻开一本最近在读的书，阅读十页。
- 睡前花十分钟写日记。
- 晚上十点前上床睡觉。

我们比任何人都更了解自己。就算我们有心理医生，但他们也还是不如我们了解我们自己！如果父母充满爱心，又能体贴入微，那就能够解读孩子的需求。因此，你也一样。你已经在有意和无意之间了解了自己的内在小孩，以及它们可能会有什么需求。如果你能经常思考自己有什么需求，然后尽量满足，那么你对内在小孩会有更深地了解，你的内在小孩也会相信你能照顾好它们。

举个例子，当你感觉到肚子饿了，可以先想一想：如果你的孩子也有这样的感觉，你会怎么做？你会让他们再忍饥挨饿两个小时吗？还是会先去买点零食来充饥，再他们等晚饭做好呢？当你感到筋疲力尽或不堪重负时，再想一想：如果你的孩子也是这样，你会怎么做？你会跟他们说"太糟糕了"，然后强迫他们继续前进吗？还是会倾听他们的心声，并给予安慰呢？

如果孩子犯了错，你会怎么做？你会责骂他们，总是重提他们的错误吗？还是说，你会试着去理解他们的感受，提醒他们错误是无法避免的生活常态，表扬他们真勇敢，并询问他们从错误中学到了什么？

花上五分钟：养成日常习惯

这是作为自我关怀且重新抚育流程中的一步，你如果能养成以下习惯就最好了：

★ 经常问问自己："此刻我需要什么？"
★ 满足自己的这种需求，勤加练习，但不要有负罪感。

试想你成了自己的父母，就应当记住，你身体上有能力做某件事，但这并不代表你随时都有能力去做。所以，请你一定要经常花时间评估自己的感受，以及现在你还有时间和精力去做点什么。

有时你会遇到这样的情况：你必须坚持到底，无暇顾及自己感觉如何。但是，你可以与你的内在父母去谈一谈，从中获得安慰，最终很有可能受益匪浅。当你开始尊重你的内在小孩时，你会发现对自我的整体自尊正逐步得到提升。

自律的艺术

重新抚育还有一个重要部分，那就是自律的艺术。我们并非生来就有能力控制冲动、约束自己；自律是我们从小在家庭教育、学校环境、课外活动中习得的能力。如果我们在童年时期没有以足够平衡平稳的方式习得这种能力，那在成年后就可能无法达到良好的自律水平。

例如，如果我们幼年时的养育者习惯散漫、总是缺席或容易妥协，我们成年后就会倾向于做出一时冲动的决定，还会经常选择即时满足，很难具备温和的自律能力，也不会选择延迟满足。而如果我们的养育者特别专横、做事残酷，我们可能会陷入相反的困境，以自律来自我惩罚。我们每个人都会在童年时做出一些妥协，从中得到的教训也都各不相同。

然而，如果我们的主要养育者制订了规则，并且自身也在坚定而温柔地遵守这些规则，一以贯之地坚持下去，那他们就会是我们日后效仿的自律榜样。例如，你要先打扫房间，才可以外出玩耍；要先练习钢琴，才能看电视；要先做作业，晚上才能在网上聊天。

> **花上五分钟：评估你的自律经验**
>
> 为了确定你目前是怎样的自律状态，你可以问问自己：
> * 我在童年时认为自律是怎么一回事？
> * 我的主要养育者是如何维护规则的？是严厉又慈爱地，还是散漫地？
> * 我的养育者有没有为我树立一个自律的好榜样？

> 如果我们成长的环境很混乱，可能就会误认为强烈的感觉就代表着亲密，还会误把安全的环境视为潜在的危险。

小时候，我们最不愿意做的事情就是把碗收拾进洗碗机、用吸尘器打扫客厅，或是在学校里花几个小时钻研自己一窍不通的科目（对我来说，那门噩梦科目是商学！）。但是，重新抚育的过程会让我们对自律改观：我们能逐渐将自律视为一种集中精力、培养耐心的方式，并且能让我们对自己的选择感到更加满意和自豪。

如果我们想让内在小孩知道他们正在被关爱着，自律至关重要。如果你年幼时曾被单独留在家里，或是留给保姆照看，你可能会在最开始几小时里享受这段没有父母陪伴的时光，但到最后，你还是会想知道你的养育者们什么时候会回来。内在小孩也是如此。我们的自律可以明确传达给他们这个讯息，虽然父母可能会有一段时间无法陪伴左右，他们可以享受自由，但父母最终还是会回来，确保他们在安全的环境中成长。

我希望你知道，就算你难以自律，这也不是你意志薄弱的体现。你可以仔细思考，自律在你成长过程中是一个怎样的概念，然后赋予它新的意义，并开始每天与自己订立小的契约。然后，你会逐步意识到，你年轻时对自律的看法和其真正含义并不相符，自律根本不是一种自我惩罚！如此一来，你就能更轻松地让自律的习惯融入你的生活。

重新抚育是自我滋养的一种手段

有时候，新闻媒体会把自我滋养描述成一件很复杂的事，因为媒体总是格外喜欢报道精细的超级食品[1]、标价昂贵的产品和晦涩难懂的仪式等，而且追逐的热点总在不断变化。但其实，

---

[1] 具有丰富的营养，并对人体有明显的抗氧化作用的食品。

第七章 重新抚育：如何自我疗愈

真正意义上的自我滋养要简单得多，重新抚育的过程本身就可以被视为相当全面的自我滋养。

> **花上五分钟：确定你需要什么营养**
>
> 你是否知道在特定时间该给自己补充哪种类型的营养？以下问题会帮你弄明白这个问题。先来问问自己吧：
> * 我现在身体感觉如何？
> * 我现在心里感觉如何？
> * 我在环境中感觉如何？
> * 我此刻正在与他人建立联系吗？
> * 我此刻正在与大自然建立联系吗？
> * 我现在活动身体的方式是我自己喜欢的吗？
> * 我的睡眠充足吗？
> * 我有没有在练习自我调节？
> * 我喝了足量的水吗？
> * 我在享受食物的美味吗？
> * 我是不是在以某种方式剥夺自己的权利？
> * 外界是否在支持我保持心理健康？
> * 我还需要额外的支持吗？
>
> 看看你的答案，你是否能有意识地对某些方面多加注意？你是不是需要更多的睡眠？或者，是需要额外的心理健康支持？

不要斥责自己，不要认为自己"理应"做到自我关怀和自我滋养，这一点非常重要。相反，你要把上面的答案视为温柔的指引。这是为了让你开始关注自己的日常生活，把更持续的自我滋养和自我哺育融入生活之中。

就算我们不去寻求治疗师、心理学家或精神科医生的支持，也可以独自行走在自我发现和自我提升的道路上。但是，这样的做法还是有一定的安全隐患。如果我们曾遭遇过严重的创伤，那就更是如此。

所以请记住，自我关怀、自我滋养和自我抚育（或重新抚育）都是为了我们自己，而不是单纯依靠我们自己。因此，虽然我们能从独处的时间中收获良多，但在出现某些情况时，我们还是应该向他人寻求帮助。比如说，有时我们会有与他人脱节的感觉，觉得自己选择的路有点走不下去，感觉没有人支持自己，有时还会感觉我们尝试的自我关怀和重新抚育给自己带来了情感孤立和二次创伤，那么，这些都是我们求助他人的契机。

我们都是群居动物（亲爱的内向型朋友们，你们也是！），疗愈也不是一个人的事，事关我们的人际关系。因此，即使你感觉这样做很困难，你也还是应该与他人建立联系，并接受他们的帮助和支持。这是我们关爱自己，并由此关爱他人的最佳方式之一。

心理笔记

在接下来的一个月里,请你每晚睡前都花上五分钟,反思以下问题:

* 我怎样才能与我的内在小孩建立联系?我的内在小孩需要听到什么?(例如:你很聪明,你是被爱着的……)
* 我怎样才能有更强的安全感?(例如,我可以多多练习呼吸法,腾出更多时间陪我的朋友……)
* 我可以与自己定下一个怎样的日常小契约?(例如:我每天早上都要去散一小会儿步。我会在晚上10点之前放下手机……)
* 现在,我会选取什么形容词来描述我的内在父母呢?我希望我的内在父母变成什么模样的?(例如:强大、宽容、谨慎、能够帮我成长的……)

如此练习一个月,你会了解如何在重新抚育的过程中逐步疗愈你的内在小孩。你还会知道,今后应该如何对待自己。你会由此建起一个庞大的信息库,你能从中获得安全感,感觉自己是被爱着的。我们本该拥有安全感,我们每个人都值得被爱。

第八章
超越自我：如何帮助友人

如果我们在安全的地方说出故事，羞耻感就会消逝得无影无踪。

——安·福斯坎普[①]

我们都经历过一些人生低谷，但如果能和他人建立真正的连接，则可以更好地渡过难关，这是毫无疑问的。这不仅意味着我们能向他人寻求帮助和支持，还说明别人也能向我们寻求援手。那么，我们要怎样才能解决自己的问题和担忧，继而去帮助我们所爱和关心的人呢？

[①] 安·福斯坎普（Ann Voskamp），是一位在家教育七个孩子的母亲，和丈夫一起经营一个农场，著有《一千次感谢》（*One Thousand Gifts*）等作品，写作的四本书列入《纽约时报》畅销书榜单。

那些需要帮助的朋友

我们大多都在某个时候有过这样的经历：我们所爱的人一直在心理健康问题中苦苦挣扎，而我们也意识到自己根本不知该如何支持他们。最可能出现的情况是，你想尽最大努力去帮助他们，但又担心自己会"说错话"。

因为我的职业是心理治疗师，所以经常有人就这个问题来向我求助。他们的伴侣、朋友、兄弟姐妹或其他家庭成员正在经历焦虑、抑郁和创伤等，希望我能指导他们去帮助所爱的人渡过心理上的难关。

有时候，我们能很明显地看出某个人正在经历一段艰难时期，但也还是难以确切知道他们究竟承受着怎样的煎熬。如果他们自己都无法理解或清楚说出自己正在经历什么，那旁人就更无从得知。至于你能做什么来支持他们，很可能就连他们自己也无法明确回答。

不过，好在我们并不总是需要了解每个细节。如果我们想要支持他们，就只需给痛苦中的人提供慎重又关切的回应，而这才是更重要的。

这个需要帮助的人可能是我们的伴侣、朋友、家人和同事。无论是谁，我们都有多种方式来提供支持。

我希望你能从本章收获一些见解，帮你进一步了解怎样的帮助和支持能促进心理健康。但如果你觉得这些还不够，那当然也可以向心理健康专家寻求进一步的指导。

健康型的支持是怎样的？不健康的又是怎样的？

我们在任何关系中都会有相互支持的意愿和能力，这是不可或缺的一部分，哪怕在关系遭遇低谷时也是如此。处在关系中的两个人需要知道，他们可以相互信任和依靠，这至关重要。

需要他人是很正常的。我们一直都在群体社区中生活，相互依存才能活下去。健康型的支持包括我们相互给予，彼此接受。只要我们处在人际关系之中，都或多或少会给彼此提供支持、鼓励和实际的帮助。然而，哪怕是健康的人际关系，也难免偶尔出现失衡。如果关系中的某一方处于痛苦挣扎之中，或是正在经历磨难，失衡的情况就更难避免。

面对这种情况，关键在于要确保这种失衡只是暂时现象。否则，我们提供的可能就不再是健康型支持了。治疗界还有一个说法是"依赖共生状态"，如果我们提供支持的方式不利于心理健康，就很可能陷入这种危机。

陷入依赖共生关系之后，某一方会将自己的身份、自我价值和自尊寄托在另一方身上，非常需要对方的陪伴和认可。这一类人往往在幼年时期时在情感上被忽视，或是生活在有某种成瘾问题的家庭中。这些经历都会导致这种创伤反应。

如果我们开始衡量自己给予了对方多少帮助，并以此来定义自己在关系中的角色，那就已经出现了依赖共生状态。有时候我们是无意之间这样做的。在这样的关系中，我们认为自己生活的意义和目的就在于能给对方提供多少帮助。如果不能给予对方关怀，我们就会迷失自我。"只要你开心，那我就会开心"，这就是依赖共生关系中的战斗口号。

处于依赖共生状态的人会：

★ 需要感觉到自己被别人需要。

★ 一旦失去他人的关怀，就会感到空虚。

> 你有能力建立健康的人际关系，能让最真实的自己得到赞美，而非被埋没。

★ 感觉自己要为对方的情绪状态负责。

★ 感觉难以离开对方。

★ 感觉难以在自己和对方之间设立界线。

相反，如果我们处于健康的人际关系中，我们并不需要通过支持或帮助别人来确认自己的身份，或是获得使命感。如果我们支持和帮助他人，也只是因为我们愿意这样做。

我们在提供健康的支持时，会这样做：

★ 乐于提供帮助，但也知道我们每个人都有能力独立生存。

★ 尊重对方的自主权。

★ 能清楚分辨什么是自己的责任，什么是别人的责任。

★ 愿意为帮助对方作出一些牺牲，但也为自己的行为设定底线。

★ 重视自己的需求和愿望，不会妥协或忽视。

★ 不试图改变他人的行为，哪怕我们自己不会那样行事。

如果我们能提供健康的支持固然很好，但如果你发现自己被人当成"治疗师"或人生导师，自己从关系中却得不到什么回报，或者你发现自己一直太过努力地为他人服务，甚至损害了自己的需求，那么你都可以着手设立更严格的界线（见第六章）。你也可以向你信任的人倾诉担忧，或是寻找互助小组来讨论依赖共生的问题，也许可以找到解决方法。

如果把健康型支持和依赖共生关系仔细对比，你会发现两者大相径庭，但一般情况下我们很难辨别其中的差异。如果我们以前没有拥有过健康的互助关系，那就更加难以认识到这一点。所以，不妨花点时间去多读读关于依赖共生和健康关系的内容，不是局限于这本书，而是可以去拓展这本书之外的更多内容。这可以帮你踏上正轨，超越以前的模式。但如果你觉得自己还需要更多的支持，然后打破固有模式，在生活中建立更积极的人际关系，那还请考虑去寻求专业帮助。

花上五分钟：反思一下吧

如果你发现自己生活中也存在前几页描述的依赖共生模式，或是认为自己又开始再次陷入依赖共生模式，那么请问问自己：我怎样才能为我爱的人提供支持，但又不至于从他们的情感世界中彻底消失?

如果我们意识到出现了依赖共生模式,或是怀疑自己有这样的模式,那就需要思考:

* 我是在保留空间还是在提供建议?
* 我是不是在牺牲自己,是不是对我的需求或界线做出了妥协?
* 我是否坦诚?还是在自我审查?
* 我真的有时间或精力做这件事吗?
* 我是否确定自己当下的需求,并表达出来了?
* 是什么触发了我的旧模式?
* 此时此刻,我可以怎样提醒自己呢?

该如何提供健康的支持?

如果我们确信自己与所爱的人处于健康的互助关系之中,那我们就有许多方法来做一个好朋友应该做的事,给他们提供帮助。

支持他人的最佳方式包括:

* 自我教育。
* 保留空间。
* 表达,但尊重对方。
* 扶持,而非坚持自我。
* 顾及自己的想法。

我们将会在下面几页中逐一探讨这些方法。但请注意，只有当我们的关系既不包含依赖共生模式，也不涉及任何虐待行为时，这些指导才能适用。

如果你发现自己的伴侣、朋友、家人等人出现了某种形式的施虐行为，而你想帮助他们渡过难关，那么还请寻求专业帮助。哪怕一个人承受了再多痛苦，也不能成为其操纵、攻击或暴力对待他人的理由。

自我教育

不确定性会给我们带来很大的压力。所以，你可以花点时间去了解自己所爱的人有着怎样的心理健康问题，正在经历怎样的挣扎，不论是创伤、焦虑、抑郁还是其他状况。我们在了解之后，就可以有的放矢地减轻不确定性，也可以为他们提供更多信息，从而提供更有用的支持。

例如，如果你正在帮助一位抑郁症患者，那就可以去了解一下，与对方谈论病情时需要避免使用哪些短语？同样，在接触焦虑症患者和双相情感障碍患者时，最好也能避开一些老生常谈的比喻。不妨找一些可靠的资源来确证事实，或者去寻求心理健康专家的支持。

下面我们将会谈到创伤。你可以把这作为自我教育的起点。作为一名心理健康从业者，我几乎每天都会听别人说起自己的创伤经历。"创伤"这个词也容易让人误解，我们听到的时候常常会联想到退伍军人，但是其中含义远不止于此。下面的内容会让你进一步了解创伤。尽管这些指导是专门针对创伤的，但如果你想要给一个经历创伤的人提供支持，那么其中大部分内容也适用。

你甚至可以考虑这样做：把这部分内容展示给你的朋友或所爱之人，征求他们的反馈，看看哪些对他们适用，哪些又不适用。此外，如果你想拓宽或是加深你的理解，你可以尽情地往后阅读。

了解创伤

如果某个事件或经历超出了我们处理和应对的能力，那我们内心由此产生的反应就是创伤。我们的思维、感觉、感知和处理方式都会受到影响，不论是在身体上、社交上、情感上还是心理上。

我们听到"创伤"这个词时，可能会自动联想到身体上的创伤。然而，只要某个事件会对我们的处理和应对能力不利，那么这个痛苦事件就可以被视为创伤。

在传统的治疗术语中，创伤被分为"大型创伤"和"小型创伤"。但这种区分可能会引起误解，更严重的话则会让人感到耻辱。所以我要澄清一下，这种区分并不反映创伤的严重程度，而只是在区分每类事件的发生过程和持续时间。

"大型创伤"往往是那些让人感到绝望或无能为力的经历，

相对而言较为少见，如自然灾害、性侵、恐怖袭击、车祸等。

"小型创伤"事件并不一定引人注目，但会长期困扰我们，甚至严重削弱我们的应对能力，如离婚、童年时期遭受情感忽视、被人霸凌、经济困难、持续的情感虐待等。

压力和创伤是连续又统一的。压力过大，则会造成巨大的伤害，然后进一步发展成复杂的创伤。

"大型创伤"并不比"小型创伤"更糟糕或更严重。虽然两者是临床上的分类名称，但其实并没有什么创伤是小型的。创伤就是一种根植于心底的威胁感，是缺乏安全感的表现，并且因人而异。尽管临床医师可能会用到"大型创伤"和"小型创伤"的划分，但对亲历者而言，创伤的严重程度是无法用类别名称来定义的。

创伤会带来许多身体上的症状，包括但不限于疲劳、难以集中注意力、更敏感的惊跳反应（这会导致我们更频繁地退缩或跳跃）、月经周期发生变化。创伤还有可能引发类风湿性关节炎、炎症性肠病等自身免疫性疾病，以及失眠、抑郁和焦虑。

在社交方面，创伤可能会让我们倾向于怀疑他人的意图。我们会感觉自己和日常生活脱节，更频繁地对他人发脾气。我们可能会开始自我隔离，不再与朋友见面。我们也可能在公共场合变得不知所措，对自己和他人吹毛求疵。

创伤对情绪有许多影响。我们可能会变得对细枝末节斤斤计较、忧心忡忡；也可能会一时冲动，觉得有必要做出重大改变；可能会产生空虚感，感觉日子空洞而平淡；还可能会觉得自己在生活中让他人失望，过度怀疑自我。

在心理方面，创伤会影响大脑功能，影响的方式复杂多样。其中，人们研究最多的是大脑的三种变化，分别发生在杏仁核（恐惧中心）、前额叶皮层（思维中心）和前扣带回皮层（情绪调节中心）。大脑受到创伤之后，思维和情绪调节中枢可能会变得不够活跃，而恐惧中枢则会变得过度活跃。因此，受过创伤的人会发现自己难以集中精力，无法真正安抚自己，同时又会在预感到危险时失控、烦躁或紧张。

因此，创伤可能包括这些心理症状：闪回、失眠、噩梦、失去时间感、解离、现实感丧失（改变我们对现实的体验，使事物看起来不真实）、产生与现实脱节之感、过度警觉、回忆困难等。

对有的人来说，某些事情只会带来不安或受伤的感觉；但对另一个人而言，同样的事件可能造成创伤。反之亦然。虽然我们每个人心中都有伤口，但并非所有人都受过创伤。

比起了解事件本身，了解创伤对人的影响更有助于确定创伤。创伤就是创伤，无论经历如何，它都值得我们尊重、同情和共鸣。

保留空间

也许你听说过"保留空间"这个词，可能是初次接受治疗的朋友说起过，也可能是自己在浏览社交媒体时看到的。但是，这个词到底是什么意思呢？

简单来说,"保留空间"意味着为他人留出真正的"空间",或者把当下这一刻留给对方。无论你们是在电话里聊天,还是在喝咖啡聊天,你都要真正陪伴着对方,专心倾听,不做评判。

保留空间不只是强迫自己保持沉默、不去打断别人而已。我们还需要把意见放在一边,让别人有充足的空间来讲述他们生活中正发生着什么。有时保留空间可能只需要我们侧耳聆听,有时则需要展开一些对话。还有些时候,你只需要默默地陪他们坐着就好。

若要保留空间,我们需要放下控制局面的渴望,不要把自己的过往经历、知识储备或认知系统强行套用到别人身上,而应当跟随别人的想法,尊重他们在那一刻的需求。

这听起来是个大工程,事实也确实如此。要做到保留空间可能很难,但这件事本身并不是什么复杂的概念。甚至,你可能已经这么做了呢。例如,如果你在超市排队时,总会遇到有人向你倾吐心中的想法,那么你很可能已经明白倾听的奥秘,而不需要去多加批评,也不需要给每个问题都提供解决方案。

保留空间就像排队时听别人说话那样简单。然而,我们大多数人往往很难这样与自己核心交际圈里的人保留空间。这主要是因为,我们和这些人关系过于亲密,所以很难保持健康的距离,很难保持客观,也难以守护自己的情感空间。处理这些关系时,我们会带着先入为主的信息和预设——这些都会让保留空间变得难上加难。

为他人保留空间，我们需要：

倾听和观察，不加评判。

不否定也不坚持，对任何事情都持开放态度。

不急于提出解决方案，不急于分享自己的经验。

不试图挽救或解决问题，也不试着提供另一种观点。

专心陪伴，予以接纳，放下任何"应该"的想法。

花上五分钟：思考一下

在日常生活中，我们感觉他人为我们保留了多少空间？你是否曾感觉自己可以开诚布公地谈论一些私人问题，同时保持安全感，且不用担心别人的评判？哪怕是再隐晦的评判都不用

第八章 超越自我：如何帮助友人

> 担心吗？
>
> 　　如果你正在接受心理治疗，或是有一个善于保留空间的朋友或伴侣，那你可能经常有这样的感觉。但遗憾的是，很多人的情况都没有这么幸运。我们只有在体验到这种空间的价值时，才会真正意识到自己缺少了什么。我们往往要先体会到这种空间的存在，才会继而意识到自己一直以来的缺失。

　　一般而言，没有人教我们该如何保留空间。大多数人都会觉得，属于自己的独处空间在生活中总是一闪而过，只是他们偶尔才能抓住的珍贵时间。对那些从小和兄弟姐妹一起长大的人来说尤其如此。所以，保留空间是一项宝贵技能，值得我们学习。

　　我们会越来越能够专注于此刻，全身心投入当下，暂时放下自己的意见。在这个过程中，我们会更清楚地感受到，什么时候给出温和的引导才最合时宜，在什么时候保留自己的想法最为明智。例如，如果对方来征求你的意见，或者因太迷茫而不知道该具体征求什么意见，我们可能会想发表自己的看法，给出建议。然而对方可能觉得我们的指导不够充分，或认为我们是在发表愚蠢的意见，哪怕我们语气再怎么温和，都可能是如此效果。那么，在这种情况下，我们最好还是闭口不提自己的想法。

　　我们应该经常反省自己：我们提供解决方案是为了减轻他人的痛苦吗？还是说，我们这么做的时候，其实是在为减轻自己的痛苦而寻求帮助呢？

我们为他人留出空间时，必须学会小心翼翼。若要想找到对方最脆弱的地方，并学会是提供帮助还是保留意见，我们需要持续练习。此外，我们还需要从失误中成长，保持谦逊的态度。但是，这种舞步对他人的帮助往往比我们想象的还要更大，因此，这值得我们一直学下去。

表达，但尊重对方

不幸的是，现在社会上依然存在对心理问题的污名化，显性或隐性都有。我们可能出于自身的不适或是害怕让他人难堪，因而不愿承认他人的痛苦。这是隐性污名的表现。尽管我们的出发点可能是好的，但回避心理健康话题只会让其背负更重的污名，也会加强人们聊这个话题时的羞耻感。

如果有朋友得了胃病去看医生，我们会时不时询问他们的情况。但总的来说，如果朋友是在做心理治疗，或是和心理医生有预约，我们不会那么快就询问进展如何。所以，不妨问候一下你爱的人，发个信息。当只有你们两个人的时候，你可以问问对方心理治疗的进展如何。刚开始你可能会觉得尴尬，但没关系。大多数对话都是这样开始的，但之后便会继续深入。你要引导你关心的人说出自己的想法，哪怕他们在述说时可能感觉不安。而且，你要尽力保持镇定和冷静，专心听他们说话。

如果你爱的人不愿谈论自己的经历，你也要照顾他们的意愿，不必强求他们谈论，也不必继续询问。尊重他们的界线吧。

他们可能需要时间独处，反思自己的想法。根据我的经验，你最好一次又一次地向他们提供支持。这能清楚地向他们表明，只要他们需要，你都会提供帮助，但也不会强求他们接受帮助。

举个例子，你可以说：

"你今天看起来很沮丧，你想和我聊一聊发生了什么吗？"

如果他们拒绝，可以考虑加上一句："你确定吗？只要你需要，我就在这里。"或者，你可以说："我希望你知道，如果你需要有朋友来倾听，或是需要简单聊聊，你可以随时打电话给我。"

如果他们还是不愿意，那就顺其自然吧。

如果你已经提供过两次帮助，你其实是在表现出一种想和对方建立联系的强烈渴望，并明确表示你愿意倾听也非常关心，还能在对方有需要时伸出援手。

> 我们总是把那些最美好的计划留到明天去做。不要这样，今天就去聊一聊心理健康的话题吧。

如果你爱的人真的选择说出自己的情况，那你也要注意，不要认为这就意味着他们是在寻求你的建议，或是请你帮他们"解决"问题。

如果你认识的人最近备受煎熬，或者你怀疑他们正在痛苦之中挣扎，那么要和他们谈论这些情况可能并非易事。如果你觉得面对面聊天令人生畏，可以考虑发短信或电子邮件。什么时候开始聊起心理健康都可以，没有所谓的"完美"契机。但是，你最好留出一个小时或更长的时间去谈话，这样你就不会感到时间压力，也不至于迫不得已地缩短谈话时间。

请参阅下面的"花上五分钟"，你能找到一些提示，也许能帮你说出担忧背后的原因。

如果你感觉不那么舒服，也别担心。不适的感觉也是这个过程的一部分，而且不会持续太久。我们总是把那些最美好的计划留到明天去做。不要这样，今天就去聊一聊吧。

花上五分钟：开始一场对话

有时候，我们明明是想帮助他人，却总也找不到合适的语言。这里有一些提示，当你想和所爱的人开始一场关于心理健康的对话时，可以在这里得到指导。请阅读这些范例，并在阅读过程中将它们进行个性化的改变，变成适合你自己的对话。

★ 我注意到在过去的 [一段时间] 里，你似乎一直很愤怒 / 悲伤 / 心烦意乱 / 焦虑……

★ 最近，我注意到你对 [你喜欢的事情] 失去了兴趣 / 经常不睡觉 / 经常不吃饭 / 经常喝酒……

第八章 超越自我：如何帮助友人

> ★ 每次提起这件事，我就感到尴尬/傻气/焦虑/紧张，但是……
> ★ 我提起这件事是因为我担心你/我害怕/我想让你知道我在乎你/我不知道该做什么、说什么/我不知道你是否和别人谈过你的感受/这已经影响我们之间的关系了……
> ★ 我想让你感觉到我在支持你/多谈谈这件事/和医生谈谈/和治疗师谈谈/找一个互助小组/制订一个计划。我能帮上什么忙吗？

如果你爱的人愿意与你交谈，那你也要注意这一点：我在前面有关创伤的章节中提过，我们可能会因为沮丧或不合时宜的爱而说出一些话，然后给对方带来负面影响。虽然我们的初衷总是很美好，虽然我们是在试图提供爱和关怀，但还是有可能产生这样不如人意的后果。

所以，尽量不要说这样的话：

★ 事情并没有那么糟糕。

★ 这是你自己的错。

★ 情况可能还会更糟。

★ 如果上天让你经历这一切，是因为相信你可以承受。

★ [某人的名字]的情况比你更糟。

★ 你看起来并不焦虑/抑郁。

★ 生活本来就是不公平的，难道不是吗？

* 你没有任何问题。

* 这不过是你的想象。

* 你需要多出去走走。

* 振作起来 / 克服它 / 继续前进吧。

* 要积极 / 快乐！

* 就不能开心点儿吗！

* 你尝试过 [当前流行的最新伪健康治疗法] 吗？

* 好啦，莎士比亚还在瘟疫期间写下了《李尔王》呢。

相反，你可以用肯定和善意来作为对话的开头，比如这样：

* 有这种感觉很正常，没关系的。

* 现在这种情况确实很艰难，很难找到一点正面的东西。

* 乌云也不一定镶着金边。

* 你对我很重要。

* 我爱你。

* 你不是疯子，你也不是一个人在战斗，有我在你身边陪你。

* 我可能现在还不明白你的感受，但我很想去理解。

* 我很抱歉你现在如此痛苦。

* 我能照顾好自己，所以你不必担心你的痛苦会给我带来负担。

* 你不是负担。

第八章 超越自我：如何帮助友人

扶持，而非坚持自我

如果你想给别人提供实实在在的支持，那就要欣赏每个人的差异，并认识到这可能会导致他们做出的选择和我们的不一定相同。虽然我们想要帮助他人，而且行事方式和处理情况的策略也都大不相同，但我们在提供任何"智慧"前，都始终应该考虑一下自己是在"扶持别人"还是在"坚持自我"。

我们做事的方式不一定是正确的。因此，你要记住，不妨让你爱的人自己做决定，让他们拥有与你不同的人生经历。

当我们眼看着关心的人陷入困境或痛苦时，总是很想把自己想到的答案告诉他们，试图拯救他们。这样做可能会让我们感觉放下一些担忧，却会让对方感觉孤立（"我的问题给他们带来了负担，我最好还是别再提这件事了"）；他们会感觉自己能力不足（"他们认为我一个人应付不来"）；还可能经历更多的情感痛苦。当我们状态不那么好的时候，需要的往往是一个愿意倾听的人。我们不希望有人"坚持"来"修复"我们，我们只想知道还是有人在乎自己的。只有这样，才是真正"扶持"我们。

比起提供可能的解决方案，或是鼓励对方"振作"起来，其实还有更有效的方法：专心去听对方说话，保持好奇心，然后才能给予对方关怀。

其实，提供关怀或"扶持"别人这件事可以很简单，也很明确。我们只需要把朋友说过的话再对他们说一次，帮他们理清思路就好。我们也可以只是问一些稀松平常的问题，而不要去左右他们的决定。或者,我们可以邀请对方去看电影、散步或喝杯咖啡,哪怕我们很清楚他们会拒绝这些邀约。所以,只要跟随当下的感觉去做就好。

如果你觉得有必要给对方提建议,可以先问问对方是否愿意听。如果他们愿意,那就温和地提出,但不要抱任何期待,也不要怀有任何目的。要有耐心。我们不需要知道事情的全部,但照样能提供支持。只要我们陪伴在他们身边就会有所帮助,可能在稍后的某个时刻,他们就会选择敞开心扉。

当然,在有些情况下,直觉会告诉我们,我们表达意见是为了所爱的人(也许还有其他人)的最大利益。如果我们认为已经关系到对方的身体和情感安全了,那就会倾向于表达意见。这时候,就请你听从自己的直觉吧,同时也保持你的辨别力。

如果你担心某个人正处于危险之中,可能在遭受虐待,或是可能自杀,请尽快与你信任的人、当地医生或心理健康专家联络。撒玛利亚会[1]等专业的心理健康组织会为你提供全天候的服务,这是很宝贵的资源。

有时,我们作为朋友的支持是远远不够的。因此,如果你亲近的人在几周或几个月后仍未走出痛苦,请别想太多,鼓励他们直接向心理健康专家寻求帮助吧。如果他们有需要的话,你可以主动帮助去寻找专家。此外,如果他们需要做出艰难的

---

[1] 撒玛利亚会(Samaritans)是一间注册志愿机构,以英格兰和爱尔兰为基地,为情绪受困扰和企图自杀的人提供支援。撒玛利亚会主要提供全年无休的支援电话热线,并提供外展服务,例如节目探访和举办其他户外活动;亦会培训在囚人士,让他们在监狱中担当"聆声者"的角色,为其他囚犯提供支援。此外,撒玛利亚会还会从事有关自杀和精神健康的研究。

抉择，你也可以主动和他们讨论各种选择的利弊。

顾及自己的想法

我们有些人可能很善于照顾他人，却损害了自己的健康。如果你也是其中之一，你可能会觉得不该和他人谈论自己支持亲人的事情，感觉这是背叛了他们的信任，或是过于沉浸在自己的感觉之中。但是，若要"顾及自己的想法"，可并非如此！当你支持别人表达他们的感受时，你也需要向他人倾诉自己的感受，这对你来说非常重要——这样才能确保你的自我状态良好。

让我们以心理治疗师为例。大多数治疗师自己也在接受治疗，同时还能得到个人督导会、小组督导会和同行研讨会等的支持。作为临床医生，我们必须时刻保持动力满满的状态，然后才能回到诊疗室，继续和这么多陷入困境的来访者交流心声，并为他们保留空间。

除了治疗师之外，任何试图为他人提供支持的人都要关注自己的状态。如果你自己没有处于最佳状态，却想把自己想要给予的所有关怀和照顾都提供给别人，那你就有可能面临崩溃和身体不适。

毫无疑问，如果我们自己本身就感到心里满是焦虑和压力，那很可能无法为他人的这些情绪留出空间。如果我们自己也缺乏某些资源，当然就无法与他人分享了。

我们在自我发现的过程中,逐渐学会了如何为他人提供健康型支持。但我们在积极疗愈的同时,难免也会有不小心被绊倒的时候。我们在跌倒时不应责备自己,而应该在倒下后扶稳站好,照顾好自己,这样才能实现真正的疗愈。

> **花上五分钟:定期检查自己的状态**
>
> 定期检查自己的状态,并评估自己的心理健康,这很重要。请时不时地问问自己:
> ★ 我过得怎么样?
> ★ 此时此刻,我需要什么吗?
> ★ 我睡得好吗?我的胃口如何?
> ★ 我需要做些什么才能过上更平衡、更有存在感的生活?
> ★ 我今天捕捉自己情绪的能力如何?
> ★ 我需要怎样去改变自己的生活结构,才能让自己感觉好一点?

我们帮助别人的时候,也不应该伤害自己。所以,也一定要为自己留出时间:

★ 找到自己的支持系统。
★ 划定自己的界线。
★ 尊重自己的极限。
★ 花时间来消化自己的感受。

★ 写日记、冥想或做其他任何能让你平静的事情。

★ 花时间做自己喜欢的事情。

关键是，我们要认识到自己哪些时候都有什么能力，能够做些什么，并且可以不感到内疚或羞愧地去做。只有不断认识到我们自己的需求，并予以优先考虑和尊重，我们才能让自己处于最佳状态，并在他人需要的时候提供帮助和支持。考虑并重视自己的需求，是我们的自我发现旅程中不可或缺的一部分。

> 只有同时尊重我们自身的极限和作为朋友的责任，长远来看，我们才能提供最有效的支持。

心理笔记

在接下来的一个月里，请你每晚睡前都花上五分钟，反思以下问题：

★ 我今天提供、见证了哪些健康或不健康的支持方式？例如，我问了一个朋友，他手头的问题是否需要一些意见，当他拒绝时，我尊重了他的决定……

* 今天别人是如何为我保留空间的？我的感觉如何？例如，我的伴侣下班后给我打电话，问我这一天过得怎么样。我感觉自己被关注着、被爱着……

* 我从上面两个问题的回答中，可以得到怎样的启发？我今后会如何支持别人？例如，打个电话虽然只是一件小事，但也很重要。我以后可以多给我的朋友们打电话……

* 我该如何在支持他人的同时也照顾好自己的心理健康？例如，我必须抽出时间听我喜欢的播客。明天我要出去散散步……

如此练习一个月，你会获得大量材料，更了解健康和不健康的支持方式是什么样的；你还会了解如何保留空间，以及如何在支持他人的同时，让自己也保持心理健康。

结束语

就这样,我们来到了这本书的结尾!或者说,这其实也是一个新的开始?这是你的自我探索之旅的开始,你可以不断地去深入了解你是谁,以及你想成为什么样的人。

无论你是从头到尾读完了这本书,还是时不时地翻阅几页,我都希望某些片段能带给你启发。

我一直都不擅长告别。我总会想要急匆匆地跳过告别的这一刻,在这时往往会想要留下一些我渴望和大家分享的东西,可能是某种情绪、内心的感激和一些反思。但是,面对这本书的读者时,我不想让这种模式重演!因此,接下来我会与大家分享最后三点考虑。如果我忘了说的话,以后肯定会忍不住自责。

1. 对自己好一点

我是认真的。你应该让这段旅程持续下去,你值得拥有。

不要想一步到位地认识自我、实施书中的所有技巧，这会让你焦头烂额。如果现在你觉得这本书的某些部分还难以付诸实践，那也不要责怪自己。等你准备好了再回来读一读吧。有时候，我也会挣扎、抗拒、否认和逃避。我离"最好的自我"还有很远的距离，也不太有兴趣去追求这个理想。但是，我正在这条路上，一直都在不断学习。所以，我是和你们一起在战斗，探索在困难来临时应该怎样更好地处理一切——我们应该怀揣着爱和同情，不论我们学什么做什么，这两者都是一切的核心。

2. 不要害怕寻求帮助

爱尔兰有一个古老的说法，翻译过来的意思是"两个人就能让道路缩短"，而我对此深信不疑。因此，不要觉得你必须独自踏上这段自我发展之路，永远都不要这么想。我在几年前曾去寻求专业的心理健康支持，但最初的经历并没有给我带来正面影响，也并不愉快。但时至今日，我仍感谢自己没有在当时就止步不前。与此相反，我继续寻觅，终于找到了一位出色的治疗师，在她那里做了三年心理咨询。我可以毫不夸张地说，如果没有她，我就不可能写出这本书。事实上，没有她也就没有今天的这个"我"。一次糟糕的经历并不能说明"所有的心理咨询都会很糟糕"。因此，请继续寻找你所需要的帮助——无论是从亲人、互助小组还是经过认证的治疗师那里。当你感觉内心空虚，一定要充分去利用你的支持网络。

3. 自我发现是持续一生的旅程，而且还是延续终生的机遇

当你到达某个年龄或某个阶段时，你还是会对自我有新的发现，并且做出改变，继续成长。你不会停下，也不应该停下！我希望你们继续探索，在活着的时候充分去感受。但是，我更希望你们能在生活中保持好奇心。你应该这样生活：拥抱所有不完美的可能性；既不牺牲广度，也不牺牲深度；享受面前接踵而来的种种机遇。

只要你愿意，只要你去大胆拥抱，这就是属于你的时刻。

你愿意加入我们吗？

我发现对我而言最有效的资源往往是：

★ 一个让我信任的治疗师。

★ 一个好朋友。

★ 一本好书。

★ 一杯浓茶。

★ 来自伴侣的拥抱。

★ 一本日记本或一张纸，供我尽情记录。

因此，你也要注意，这些基本要素不容忽视。

致　谢

这本书不仅仅是关于我自己的一些经历。是那些触动过我内心的人、与我同行的人和我一起，把智慧结晶汇集到一起，成就了这本书。没有你们，这些文字就不会以这种形式呈现出来。

感谢我的未婚妻克莱尔·肯纳利（Claire Kennelly）。在我饱含泪水度过灰暗时光时，你一直支持着我，而且还在我们的小公寓里给我打造了一个写作角，让我可以在最沉闷的日子里借着仙女灯[①]的光芒来写作。在我迷失自我时，感谢你给予我坚定的信念。我想不出除你之外还有谁能和我一起度过这段疫情蔓延的写作时光。我是如此爱你。

路易丝·埃克斯，我知道我曾多次向你引述过这句话。但方便起见，我还是要再引述一次。柯蒂斯·西滕菲尔德（Curtis Sittenfeld）[②]

[①] 仙女灯、童话灯，其实就是圣诞灯，是庆祝圣诞节而装饰的灯，一般指的是长长的灯带，缠绕在圣诞树上，会有星星点点的浪漫效果。

[②] 美国作家，1975 年生，出版多部小说。《美国妻子》（2008 年版）是一个虚构的故事，大致取材于第一夫人劳拉－布什的生平。

在其《美国妻子》一书中写道:"是她让我成为读者,而成为读者最终让我能够实现自我。"我永远不会忘记,是你给了我第一本书,同时也让我爱上了阅读。你就好比是我的第一个家,给我提供了第一个安全的地方,直到今天依然如此。感谢你对我无微不至的支持。感谢你让每个有幸与你相伴的人都在你身上看到,什么是朋友的真谛。

感谢丽莎·克罗斯比(Lisa Crosby),在整个写作过程中,你一直是我的啦啦队长。说真的,我怎么感谢你都不为过。人们总会低估自己对热情和好奇心的需求,而你却总是毫无保留地奉献着这两种特质。当我的咖啡煮过了头,当我的奶油糕点烤焦了,我总是充满了不确定之感,而你随时都会聆听我说话。感谢你的洞察力,提醒我从大局出发。

感谢我的兄弟们,布莱恩、马丁和帕迪。终于,现在你们喝茶的时候可以拿本书来当杯垫了,也终于有本书来垫脚,让家里那张桌子不再摇摇晃晃了。感谢你们给我带来欢声笑语,对我悉心照料、嘘寒问暖,感谢你们面对"家中小妹"时展现出大哥哥的自豪感。

感谢我的父母。妈妈,我想在劳斯①的每个收银员都知道我写了一本书,而书架上推荐预购的订单也得到了出版商的青睐。爸爸,我能有今天的成就,很大程度上要归功于您的无尽慷慨,而且您始终把孩子们的幸福放在首位。我不认为这是你理所当然要为我们做的。所以,谢谢你们为我做的一切。

感谢亚当和本。这本书里没有神奇宝贝,但再过十年的话,你们可能会对书中某些部分感兴趣。如果没有的话,请你们参阅上面的例子,了解叔叔们是如何使用这本书的。在未来的几十年里,我打算一直把这本书作为礼物来送人。

感谢吉尔·米诺格,没有你就没有现在的我。你改变了我的生活,我也相信,还有无数人的生活是因你而改变的。是你撑起了这本书,

---

① 劳斯郡是爱尔兰东部和中部地区的一个沿海郡,隶属于莱恩斯特省。

致　谢

我由衷地感谢你。

感谢阿宁·莫里亚利蒂，你是第一个知道我想成为作家的人，在那之前我从未和别人说过。你相信七岁的我说的话，并从那时候开始就不断询问我：你那部即将出版的小说写得怎么样啦？谢谢你给我带来的友谊，没有你，我的生活会大不相同。我们远隔重洋，但你每天都被我放在心里。

感谢安·格里森，如果没有你陪着我，我无法想象我该如何完成培训和其他工作。你简直是人间良药，治疗所有研究中遇到的痛苦弊病！感谢你的指导，感谢你抱怨我的问题，也感谢那些一起度过的威士忌之夜。没有你，我就不会走到今天的位置。感谢贝基·基欧，若要详述我要感谢你什么，我得写一本书才行。但我还是长话短说吧：谢谢你，我的水果软糖！我非常爱你！感谢艾斯林·胡伊，这不是《侏罗纪世界》，但我希望你能觉得这本书还是个不错的玩意儿！（我保证，当美人起飞时，感谢致词将完全只属于你一个人。）威尔·赖特，谢谢你的可靠、稳重、机智。最重要的是，谢谢你搬回都柏林。那是黯淡无光的一年，希望以后再也不会发生了。

感谢玛丽和伊莱扎·肯纳利。你们就是最好的补药，你们的支持对我来说意义非凡。我永远感激你们出现在我的生命中，也感激现在我可以把你们称为家人。

感谢莎拉·威廉姆斯，我的图书经纪人。我该从何说起呢？没有你，一切就不会像现在这样顺利（这个词简直是21世纪最轻描淡写的说法）。你简直是一个魔法师，我很高兴你承担风险，把赌注下在我身上。

赞诺·康普顿，我要谢谢你的耐心、你的敏锐眼光、你的智慧，而且你还总让我安心。谢谢你在收到初稿后没有拔腿就走。感谢整个"奠基石"团队，你们对我写下的每一个片段都非常用心地修改，可谓细致入微。感谢你们接受我的文字，让它们出版成书，终于有了自己的家。

感谢我在 Instagram 的每一个粉丝，感谢你们关注 @TheMindGeek。是你们成就了这个账号。每一次点赞、分享、评论、关注……我都注意到了，并且深深感激。你们和我一样，都是这本书的一部分。没错，我现在仍不敢相信这一切真的发生了。

最后还要感谢我的狗狗密西，虽然放在最后，但这并不代表她不重要。我知道每个人都认为自己的狗是最棒的，但你真的走到哪里都是最棒的小狗。你向我展现了无尽的爱，愿我们都能体会到这种爱。我很幸运能从你生命的初期就开始陪伴你，我所有的人生里程碑都有你的见证。现在这本书出版却没有你在身边，我都有点不知所措。感谢有你陪伴我的 18 年。我每天都在想念你。